안효주의

초밥 산책

1978년 일식에 입문했으니 생선과 함께한 세월이 40년이 지났다. 짧으면 짧다 하겠지만 강산이 벌써 네 번이나 바뀔 만큼 나에게는 오랜 시간이라고 할 수 있다. 부침이 많은 한 사람의 인생사에서 수십 년간 줄곧 한자리에서 같은 일을 한다는 것은 그리 쉬운 일이 아니다. 하물며 그 일이 자신이 원하는 일이라면 그것은 은총이다.

어디 그뿐인가. 몇 해 전까지만 해도 나는 하루에 두 번씩이나 행복 속에 있었다. 지금이야 오래된 현지 거래처에서 직접 생선들을 공수해 오지만, 몇 해 전까지만 해도 나는 직접 새벽 장을 챙겼다. 장을 볼 때 더없이 신이 난다. 아니 신을 넘어 흥까지 나니 신바람이라는 표현이 더 맞을 것이다. 내 집을 찾는 손님을 위해 최고의 식재료를 찾아 발품을 파는 일이니 어찌 신바람이 나지 않겠는가! 그래서 나는 내 직업이 고맙고 또 고마울 따름이다.

또 하나의 행복을 느끼는 때는 온 정성을 하나로 모아 '마음이라는 그릇'에 담아 손님들에게 초밥을 올릴 때이다. 한 손에 밥을 쥐고 원하는 형태가 됐음을 손끝이 먼저 느끼면, 어느새 나도 모르게 손질한 생선살 위에 와사비와 밥이 얹히고, 쥐고 펴고 누르는 손바닥과 손가락의 섬세한 협연 속에 초밥이라는 예쁜 소품이 탄생한다. 그리고 이 소품을 손님께 내밀 때 나는 무한한 행복감을 느낀다. 특히 손님의 얼굴에서 내가 기대한 표정이 지어졌을 때는 행복감을 뛰어넘어 희열마저 느낀다. 손님의 표정을 읽고 손님과 대화하는 시간은 또 다른 행복을 내게 선사한다. 매 순간이 너무나 행복하기에 그저 감사할 뿐이다. 때문에 나는 오늘도 내게 주어진 운명을 천직으로 삼아, 그 운명을 손에 움켜쥐고 있는 것이다.

사실 조리사란 직업은 가급적 피하고 싶은 '3D' 업

종 중의 하나였다. 세상이 바뀐 탓일까? 언제부터인가 요리에 관심이 없던 사람들도 요리에 대해 많은 관심을 갖기 시작했으며, 직접 요리를 만들어 먹는 일 또한 일상화되었다. 이런 현상과 더불어 유명 셰프들은 연예인 못지않은 인기를 누리고 있으며, 그들의 이름은 날마다 사람들 사이에 회자되고 있다. 특히 스마트폰의 발달과 더불어 새로운 직종인 블로거가 등장함에 따라, 한식을 비롯한 다국적 음식에 대한 관심이 하늘을 찌를 정도이다. 일식 또한 예외가 아니어서 생선을 다루는 사람으로서, 이 같은 현상이 이만저만 반가운 일이 아니다.

다만 초밥을 만드는 사람으로서 나는 후배들에게 세 가지 점을 당부하고자 한다. 그것은 위생과 정성 그리고 노력이다. 다른 음식들과 달리 날생선을 다루는 직종인 만큼, 청결한 위생을 통한 손님의 안전은 아무리 강조해도 지나침이 없다. 안전을 위해서는 반드시 선도가 좋은 식재료의 선택이 가장 중요하며, 이와 동시에 식재료와 제반 용품들에 대한 철저한 보관 상태와

이에 따른 꼼꼼한 위생 관리가 함께 이루어져야 한다.

다음으로는 정성이다. 손님을 향한 참되고 성실한 마음이 결여된 음식이 어찌 음식이라고 할 수 있겠는가. 40년의 경험을 통해 얻은 것이 있다면 '요리는 기술이 아니라 정성'이라는 것이다. 흔히 어머니의 손맛을 최상의 레시피라고 한다. 희로애락 모두가 담겨 있는 어머니의 손이기에, 또한 '정성'이라는 최상의 조미료가 더해졌기에 그 손맛이 빚어내는 음식은 우리가 형언할 수 없는, 그리하여 눈을 감고 곱씹어 음미해야 하는 또 다른 세상의 참음식인 것이다. 아무리 유명한 식당의 맛난 음식이라도 어머니가 차려준 음식에 미치지 못하는 것은 바로 자식에 대한 어머니의 남다른 정성이 음식에 배어 있기 때문이다. 전문 요리사의 손길은 그저 나름의 완성된 맛을 내기 위한 마무리적 요소일 뿐, 정성이 깃들어 있으면 맛은 자연히 뒤따르게 되는 것이다.

마지막으로 당부하고 싶은 말은 쉬지 말고 노력하라는 것이다. 요리에 대한 감각과 기술은 타고나는 것이 아니라 만들어지기 때문이다. 아무리 천재라도 노력한 사람을 결코 이기지 못하며, 소위 천재적 재능을 발휘하는 사람들의 이면에는 남다른 노력이 있음을 간과해서는 안 된다. 만약 이 세 가지가 제대로 지켜질 수만 있다면, 우리나라의 초밥은 언젠가 본고장 일본을 뛰어넘어 세계인의 사랑을 받는 초밥으로 재탄생할 수 있으리라 확신한다. 자신을 찾은 손님이 초밥 한 점에 흐뭇해하고, 초밥 한 점에 마음이 따뜻해진다면, 그것만으로도 더 이상의 행복은 없을 것이다. 그대가 행복 속에 있음을 기억하라. 그리고 거친 바다를 헤치고 싱싱한 생선을 잡아주는 어부와 그 가족, 그리고 하늘을 보며 농작물이 잘 자라기만을 기원하는 농부와 그 가족께 감사하라. 그들이 있기에 지금 그대가 누리는 행복도 있기 때문이다.

이 책을 쓰면서 어머니의 손맛은 아니더라도, 부디 그 맛 근처에라도 가려는 다짐으로 마음을 다잡았다. 이 책은 나의 초밥 40년의 세월을 온전히 담고 있는, 나에게는 더없이 귀한 책이다. 초밥에 관심 있는 일반 독자 분들과 미래의 초밥조리사, 그리고 좀 더 체계적으로 초밥에 대해 알고 싶어 하는 현직 초밥조리사들에게 조금이나마 도움을 주고자 용기를 내어 글을 쓰게 되었다. 가능한 한 쉽고 재미있게 쓰려고 노력했지만, 부족한 점이 많으리라 생각한다. 책의 제목처럼 초밥의 세계를 함께 산책한다는 기분으로 가볍게 읽어주었으면 한다.

나에게는 잊지 못할 분들이 너무나 많다. 자만을 경계하며 늘 겸손의 자세를 내게 보여주신 이보경(李輔慶) 스승님, 초밥에 대해 끊임없이 연구하는 열정적 모습을 내게 보여주신 시마미야 쓰토무(嶋宮 勤) 스승님, 신의(信義)의 참뜻을 내게 되새기게 해주신 김정완(金庭完) 회장님, 함께하는 것만으로도 늘 의지가 돼주셨던 호시 노리미쓰(星 則光) 선배님, 그리고 인생의 밤하늘에서 인연의 빛을 밝혀 나를 반짝이게 해주신 수많은 사람들과 삼라와 만상에게도 고맙고 고맙다는 말을 전한다. 그들이 내 이름을 불러주어 꽃이 되었기에, 나는 그들에게 잊히지 않는 하나의 눈짓이 되려고 한다. 특히 아버지란 이름을 불러주어 아버지가 되었기에,

또한 그들이 나를 필요로 할 때 함께 해주지 못했기에 이제부터 나는 나의 사랑하는 단비와 정현(正鉉)에게도 잊히지 않는 또 하나의 의미가 되려고 한다.

　요즘 들어 고향에 계신 어머님이 더욱 그립다. 하지만 나의 그리움과 어머니의 그리움은 언제나 차원이 다른 것이었다. '네 얼굴이 부쩍 보고 싶다'는 말에 어머님을 뵈러 가면, 기쁨도 잠시 어머니는 벌써 이별에 대한 걱정으로 어느새 얼굴에 어두움이 드리워진다. 그 어두움은 마치 전염이라도 된 듯 이내 내 얼굴에도 고스란히 투영된다.

　그리움과 미안함을 대신해 어머니께 이 책을 바친다. 유난히 흥이 많으셨던 아버님의 어깨춤이 무척이나 보고픈 밤이다.

2020년 초설(初雪)에 즈음하여

안효주

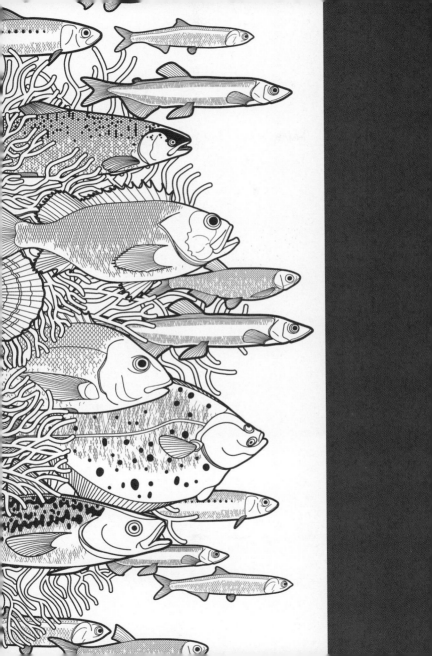

1장

알아두면 좋은
초밥이야기

∞ 초밥의 두 얼굴

　초밥, 즉 스시(すし)의 기원에 대해 여러 가지 학설이 있지만, 문화인류학자들 사이에서는 초밥이 쌀을 주식으로 했던 동남아시아인의 음식문화에서 비롯되었다는 것이 통설로 받아들여지고 있다. 동남아시아인들은 생선을 장기간 보관하기 위해 내장을 제거하고 소금에 절인 다음, 소금 간을 한 밥을 생선 배 속에 가득 채웠다. 그런 다음 나무통에 넣고 무거운 돌로 눌러 수주일에서 수개월 동안 재어두어 발효시킨 후 생선을 절여 삭혀 먹었다고 한다.

　이처럼 생선과 쌀, 그리고 발효는 바로 스시라는 음식을 탄생시킨 주요 키워드라고 할 수 있다. 문헌상으로도 기원전 5~3세기경, 중국에서 만든 세계 최초의 백과사전인 『이아(爾雅)』에 이미 일본어 훈독인 스시, 즉 지[鮨: 물고기 어(魚)와 발효시킨다는 의미의 지(旨)가 합쳐

짐] 자가 등장해 있다. '스시라 함은 곧 발효시킨 생선을 뜻한다'며 '어위지지(魚謂之鮨)'라고 풀이하고 있는 것을 보면, 동남아시아에서 중국 대륙에 이르기까지 소금에 절인 발효 식품인 스시의 역사는 실로 2000년이 넘는 것으로 추정해볼 수 있다.

그런데 본래의 스시는 우리가 맛보는 요즘의 초밥과는 많은 차이를 보인다. 이제 더 이상 코를 막아야 할 정도의 고약한 냄새도 없고, 곰팡이가 피어 눈살을 구길 필요도 없다. 대신 신선한 생선의 고운 빛깔이 먼저 우리의 시선을 사로잡으며, 식초가 뿌려진 밥알의 새콤함과 바닷물을 머금은 생선살의 풍미가 함께 어우러져 입안을 한껏 적신다. 세계인들의 입맛을 사로잡은 이 같은 스시를 창조해낸 이들이 일본인이다. 그러나 일본인들이 식초로 간한 밥에 선도가 좋은 생선살을 얹은 요즘의 스시로 재탄생시킨 것은 불과 200년 전으로, 오늘날 우리가 알고 있는 초밥은 바로 에도(江戸)시대 후기 도쿄 앞바다에서 잡은 어패류로 만든 초밥, 즉 에도마에즈시(江戸前ずし)를 일컫는다.

17세기 말경 교토로부터 전해져 초밥이라면 누름초밥(오시즈시, 押し寿司)밖에 없었던 1800년대 초. 당시 에도로 불리던 도쿄는 이미 관서지방의 대표 도시인 오사카와 더불어 관동지방을 대표하는 인구 백만이 넘는 거대 도시였다. 사무라이들과 그들이 거느린 식솔들의 수가 약 50만 명에 이르렀으며, 상인과 장인 그리고 노동자들의 수가 50만 명이 넘는 일대 소비 도시로서 에도 성을 중심으로 그물망처럼 촘촘히 연결된 새로운 물길 덕분에 오사카 못지않은 '수운의 도시'로 발전하고 있었던 것이다. 모든 생활필수품과 공산품은 물론 새로운 일자리를 찾는 사람들 역시 에도로 몰려들어 에도는 정치의 중심 도시뿐만이 아니라 상업 도시로서의 번영을 누리던 명실공히 일본의 대표 도시였다. 자연히 에도로 한꺼번에 유입된 전국 각지의 식문화는 수많은 사람들의 교류와 융합을 통해 각 지방의 음식이 집대성된 에도 고유의 독특한 음식을 재탄생시켰으며, 스시 역시 예외가 아니었다.

시간이 곧 돈이었던 시절, 수개월 심지어 반년이 넘

도록 생선을 숙성시킨 전통 발효 음식 문화는 자연 도태될 수밖에 없었다. 때문에 바쁜 에도 사람들에게 맞는 새로운 형태의 스시의 등장은 필연적이었다고 할 수 있다. 이미 숙성 발효시킨 식초를 이용해 먹는 시간을 조금이라도 줄일 수 있는 간편 조리법, 그리하여 도쿄의 길거리 포장마차에서 상인들과 노동자들을 위해 팔던 간편식. 수많은 도쿄 사람들에게 한 끼의 식사로 사랑받던 누름초밥을 대체한 초밥, 이 초밥이 바로 오늘날의 스시인 것이다. 그러나 에도시대 말기에 이르러 축적된 자본을 바탕으로 고급 초밥집이 하나둘 생겨나면서부터 에도마에즈시는 더 이상 서민의 전유물이 아니었다. 그 결과 신분이 높고 부유한 사람들을 위한 식당과 서민들을 위한 포장마차, 두 가지 형태로 뚜렷이 분화 발전하기 시작한다.

다음(26~27쪽)의 그림은 1855년 도쿄의 밤거리 모습으로, 달빛 속에 나타난다는 부처에게 소원을 빌기 위해 길거리로 나와 한바탕 축제를 벌이고 있는 장면이다. 멀리 폭죽이 날아오르고, 머리에 문어를 뒤집어쓰고 흥겹게 걷는 사람도 보인다. 또 경단, 튀김, 오징어 구이 등 다양한 먹거리를 파는 포장마차도 줄지어 있으며, 이들 중에는 초밥을 파는 곳도 보인다. 에도시대를 무사 계급이 아닌 서민의 시대라고 하는 것은, 마치 우리네 장터처럼 사람과 놀이와 먹거리가 한데 어우러진 진정한 광장의 문화였기 때문이다. 이 먹거리의 중심에 초밥이 있었던 것이다.

그러나 이때의 초밥은 외형 면에서는 비슷했지만, 생선의 종류나 식재료를 다루는 방법에 있어서는 현재와 사뭇 달랐다고 한다. 냉장보관이 불가능했던 시절이라 변질되기 쉬운 생선은 일단 식초나 간장, 소금으로 절이거나 익혀 밥 위에 올릴 수밖에 없었다. 또 인기 있는 품목 역시 요즘 사람들이 선호하는 참치의 뱃살, 즉 도로(とろ)가 아니라 전어나 전갱이와 같이 도쿄 앞바다에서 쉽게 잡히는 신선한 생선들이었다. 당시 기름진 지방을 꺼렸던 도쿄 사람들은 실제로 참치의 붉은 살 부분, 즉 아카미(赤身, あかみ)만 취하고 뱃살은 개나 고양이에게 주거나 국물을 낼 때만 사용했을 정

에도시대 풍속화의 대가인 우타가와 히로시게(歌川広重, 1797-1858)의 작품,
「東都名所高輪廿六夜待遊興之図」 – 太田(오타) 기념 미술관 소장.
(출처: Wikipedia)

도로 저급 부위로 간주해 천덕꾸러기 취급을 받았다고 한다.

현재 초밥의 원형은 서양의 신기술과 신문화를 받아들인 1897년(메이지 30년) 이후로 볼 수 있다. 근해 어업 방식의 현대화와 이를 통한 유통의 발전, 그리고 무엇보다 생선을 장기 보관할 수 있는 냉장고의 출현이 밑바탕이 되었다. 보존을 위해 조리사의 손을 한 번 더 거쳐야 했던 참치 같은 생선들도 날로 쓸 수 있게 되고, 초밥으로 사용할 수 있는 생선의 종류가 그만큼 늘어났다. 뿐만 아니라 밥의 크기 또한 점차 줄어드는 변화를 겪게 된다.

앞으로도 에도마에즈시는 수많은 변화를 겪게 될 것이다. 그러나 이 변화는 '전통'이라는 인류 문화의 기본 틀 속에서 진행될 것이 분명하다. 나로서는 이 변화를 주도하게 될 다음 세대에 거는 기대가 남다르다.

일본에 갈 때마다 여러 이유로 꼭 초밥집을 들른다. 간판에는 저마다 'すし(스시)'라는 글자 혹은 '鮨(지)'나 '鮓(자)' 자가 새겨져 있다.

발효와 함께 탄생한 초밥, 또 발효라는 원형을 지키며 간편식으로 진화한 초밥. 초밥을 먹으며 나는 인류와 함께한 초밥의 두 얼굴을 늘 가슴속에 되새기곤 한다.

∽ 초밥을 대표하는 두 지역

아마도 초밥이라고 하면 대부분의 사람들은 식초로 간한 밥 위에 생선살을 올린 쥠초밥(니기리즈시, 握り寿司)을 먼저 떠올릴 것이다[스시(寿司, すし) 앞에 단어가 붙은 복합어의 경우, 스시는 발음상 즈시(ずし)로 바뀐다]. 바로 이 초밥이 앞서 언급한 도쿄를 중심으로 한 관동지방을 대표하는 초밥 에도마에즈시이다. 이는 16세기 말부터 관서지방에서 유행하던 하야즈시(早寿司, はやずし)[발효를 앞당기기 위해 밥과 생선에 직접 식초를 뿌려 신맛을 내는 새로운 방식의 조리법에 따른 초밥]를 시대의 요구에 맞춰 더욱 발전시킨 즉석 초밥으로, 비교적 역사가 짧음에도 일본 식문화의 세계화를 선도하고 있다.

이에 비해 관서지방의 초밥(간사이즈시, 関西寿司)은 그 기원을 헤이안시대(平安時代)의 장기 발효 방식에 두고 있을 만큼 역사가 길다. 생선을 소금으로 간해 밥과 함

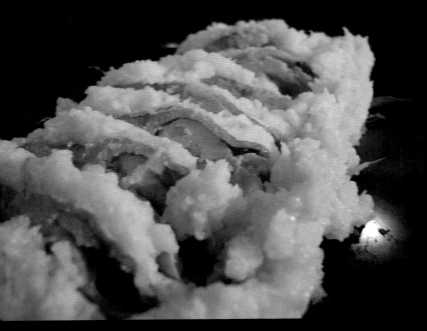

나레즈시의 일종인 붕어식해초밥(후나즈시, 鮒寿司)
(출처: Wikipedia)

께 돌로 눌러 장기간 발효시킨 초밥의 원형인 나레즈시(熟れ鮨, なれずし) 방식을 계승 발전시킨 초밥으로, 에도마에즈시의 원조이기도 하다.

이처럼 초밥은 관동풍과 관서풍의 두 가지로 구분된다. 이 둘이 각기 뚜렷한 개성을 지니며 독자적인 행보를 보인 것은 지역 간에 존재하는 문화적, 지리적, 기질적 차이에서 비롯된다. 먼저 하루하루 먹고 살기도 바빠 먹는다는 것이 곧 행복이라는 생각조차 할 수 없었던 시절, 도쿄의 경우 사람들에게는 그저 허기만을 채울 수 있는 음식이 최고의 먹거리였다. 따라서 간이식당이나 길거리 포장마차에서 식초로 간한 밥을 듬뿍 담아 그 위에 생선살을 즉석에서 올린 쥠초밥이야말로 영양을 떠나 시간을 절약할 수 있는 가장 이상적인 한 끼 식사였다. 게다가 성격이 급하다고 알려진 도쿄 사람들에게 초밥이 발효될 때까지 기다린다는 것은 언감생심이었다. 이렇듯 관동풍 초밥은 시대 상황과 도쿄 사람들의 기질이 맞물려 탄생한 필연적 산물이라고 할 수 있다. 식재료 역시 신선함을 유지하기 위해 도쿄 앞바다에서 갓 잡은 생선들만을 이용할 수밖에 없었고, 이 같은 방식이 대를 이어 계승 전수되다 보니 전통이라는 이름하에 에도마에즈시라는 관동풍의 초밥이 자리 잡게 된 것이다.

이에 비해 역사와 문화, 종교의 중심지였던 헤이안시대의 수도 교토와 대표적인 상업도시인 오사카를 비롯한 관서지방 사람들은 음식에 대한 철학이 관동지방과는 많이 달랐다. 전통을 중시했던 그들에게 음식, 특히 초밥은 발효가 될 때까지 기다려야 얻을 수 있는 인내의 음식이었다. 기다림 없이 기다렸으며, 먹는다는 것이 곧 기쁨이었기에 포장된 상태로 들고 다니며 자연과 더불어 여유롭게, 혹은 전통연극인 '가부키'를 보다 막간에 즐겨 먹는 문화가 있었다. 더 나아가 초밥의 외형적인 미(美)도 중시했다. 에도마에즈시가 패스트푸드라면 간사이즈시는 슬로푸드였던 것이다. 식재료 역시 관동풍과 달리 주로 가까운 세토 내해(瀬戸内海)에서 잡은 담백한 흰 살 생선들을 주재료로 사용했기 때문에 참치나 가다랑어가 주재료였던 관동풍 스시와 큰 차이를 보인다. 관서풍 초밥에는 누름초밥(오시즈시, 押し寿司), 틀초밥(하코즈시, 箱寿司), 봉초밥(보우즈시, 棒寿司) 등이 있다. 일본 초밥의 양대 산맥이라고 할 수 있는 관동풍 초밥과 관서풍 초밥에 대해서는 이후 좀 더 자세히 다루도록 하겠다.

　오른쪽 그림은 1858년 가부키 '시바라쿠(暫)'를 관람하는 극장 내부의 모습으로, 그 당시에는 공연 막간에 술과 도시락을 먹을 수 있었다고 한다. 막간(幕間)에 먹는 도시락이라고 하여 마쿠노우치 벤토(幕の内弁当)라고 불렀다.

우타가와 구니사다(歌川国貞, 1786-1864)의 작품,
「용형용강호회영(踊形容江戸絵栄)」 (출처: Wikipedia)

∾ 초밥의 종류

초밥은 그 역사가 오래된 만큼 종류도 다양하고, 일본 각 지역마다 전통적 방식에 따른 고유의 초밥이 수없이 많아 이 작은 책 한 권에 모두 담을 수는 없다. 따라서 일식 초밥을 대표한다고 할 수 있는 관동풍과 관서풍의 초밥들 위주로 살펴보고자 한다. 이것만으로도 일식 초밥을 알고 익히기에는 충분하리라 여겨진다. 가장 일반적인 형태인 쥠초밥(니기리즈시, 握り寿司)을 비롯해 누름초밥(오시즈시, 押し寿司) 혹은 틀초밥(하코즈시, 箱寿司), 봉초밥(보우즈시, 棒寿司), 말이초밥(마키즈시, 巻き寿司), 유부초밥(이나리즈시, 稲荷寿司), 흩뿌림초밥(지라시즈시, ちらし寿司) 등이 이에 해당된다.

19세기 초 하나야 요헤이(華屋与兵衛)가 최초로 개발한 당시의 쥠초밥

(출처: 코이즈미 세이자부로(小泉清 三郎著)가 저술한 「요헤이의 초밥을 기리며(偲ぶ与兵衛の鮓)」)

쥠초밥 (니기리즈시, 握り寿司)

쥠초밥은 한 입 크기의 밥 위에 와사비와 생선살을 올려놓은 초밥이다. 일본말로는 니기리즈시라고 하는데, '니기리(にぎり)'는 '쥐다' 또는 '잡다'라는 '니기루(にぎる)'의 명사형이며, 말 그대로 손으로 쥐어서 만든 초밥을 가리킨다. 대부분의 초밥이 오사카를 중심으로 한 관서지방이 원조인 것에 비해, 쥠초밥은 19세기 초에서 중기에 걸쳐 에도시대 도쿄를 중심으로 관동지방에서 생겨났다. 또한 군함말이초밥(軍艦巻き寿司)은 1941년 도쿄 긴자의 일식집 큐베이(久兵衛)의 주인이 연어알이나 성게 알처럼 손으로 쥘 수 없는 식재료를 손쉽게 먹게 하기 위해 쥠초밥과 김말이초밥의 특성을 살려 개발한 것으로, 식재료를 김 등으로 감싸는 방식이다. 쥠초밥을 변형해 구슬 모양을 낸 구슬초밥(테마리즈시, 手毬寿司)도 있다.

누름초밥(오시즈시, 押し寿司) / 틀초밥(하코즈시, 箱寿司)

16세기 말 이후 관서지방을 중심으로 하야즈시(早寿司, はやずし), 즉 유산 발효에 의한 신맛 대신 밥과 생선에 직접 식초를 뿌려 신맛을 내는 조리법이 생겨났다. 그 대표적인 초밥이 일반 가정에서도 쉽게 만들 수 있는 누름초밥이다. 그리고 1887년경, 만드는 방식은 누름초밥과 동일하지만 기존의 값싼 식재료 대신 고급 식재료를 사용해 개발한 전문 초밥 틀초밥이 나왔다. 정사각형이나 직사각형의 나무틀 속에 밥을 담고, 포를 뜬 생선살을 그 위에 올려 덮개로 눌러 모양을 잡은 다음 꺼내어 칼로 네모반듯하게 썰어낸 초밥이다. 일명 오사카즈시(大阪寿司)로 불리는 이 초밥은 쥠초밥과 달리 시간을 두고 먹는 초밥이므로, 초양념에 설탕을 첨가하거나 밥알 사이의 공기를 없애 최대한 산화를 늦췄다는 점이 특징이다.

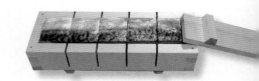

봉초밥(보우즈시, 棒寿司)

누름초밥의 일종인 봉초밥은 생선 그대로의 모양을 살려 만든 봉(棒), 즉 막대 모양의 둥근 초밥을 가리킨다. 만드는 과정은 누름초밥 혹은 틀초밥과 비슷하며, 과거에는 나무틀의 하단 면이 둥글었다고 한다. 나무틀 대신 얇은 천이나 비닐 랩을 발 위에 간 다음 손질한 붕장어나 갯장어 혹은 고등어를 올려놓고, 그 위에 밥을 얹은 다음 김밥을 말듯이 둥글게 말아 만들기도 한다.

소금에 절여 식초로 간한 고등어를 식재료로 사용한 봉초밥을 특별히 밧테라(バッテラ)라고 부른다. 밧테라는 포르투갈어의 작은 배를 뜻하는 바테이라(bateira)에서 유래된 말로, 원래는 메이지 중반에 오사카 만에서 잡은 전어를 초에 절여 틀에 넣고 초밥으로 만들었는데, 그 모양이 작은 배와 닮았다고 하여 붙여진 이름이다. 후에 수급이 불안정한 전어 대신에 고등어로 대체되어 현재까지 관서지방의 대표적 초밥으로 자리 잡게 되었다.

말이초밥(마키즈시, 巻き寿司)

각종 재료를 김이나 얇은 달걀부침 등으로 말아 만든 초밥이다. 우리에게 가장 친숙한 말이초밥은 김말이초밥(노리마키즈시, 海苔巻き寿司)으로, 먼저 대나무발 위에 김을 깔고 그 위에 식초와 소금으로 간한 밥을 넓게 편 다음 생선살 혹은 야채 등의 식재료를 올려 돌돌 말아 적당한 크기로 자른 것이다. 김말이초밥에는 후토마키즈시(太巻き寿司), 호소마키즈시(細巻き寿司) 등이 있으며, 밥과 식재료를 김으로 말아 고깔 모양을 낸 손말이초밥(手巻き寿司)과 김 대신 얇게 부친 계란으로 보쌈이나 스프링롤 형태로 감싼 자킨즈시(茶巾寿司) 등이 있다. 여러 식재료를 함께 넣어 화려한 색을 띠도록 만든 관서풍의 말이초밥을 후토마키즈시라 한다. 이와 달리 호소마키즈시는 참치나 오이 혹은 박고지와 같은 단일 식재료만을 이용해 만든 관동풍의 말이초밥이다. 그런데 박의 속을 파낸 후 얇게 깎아 말린 다음 간장과 설탕을 푼 물에 달짝지근하게 졸여 만든 박고지말이초밥은 관서지방에서는 먹지 않는다고 한다.

유부초밥 (이나리즈시, 稲荷寿司)

유부는 얇게 썬 두부를 기름에 튀겨 간장과 설탕에 졸여 간을 해서 만든다. 이 유부의 한쪽 끝을 잘라 속에 밥을 채워 만든 것이 유부초밥이다. 유부초밥은 덴메이(天明) 대기근(1782-88) 시기에 유부 속에 밥 대신 '비지'를 넣어 포장마차에서 판 것이 시초로 전해지고 있으며, 생선을 사용하지 않아 값이 저렴해 서민들에게 인기가 높았다.

유부를 가리키는 일본 이름 이나리(いなり), 즉 도하(稲荷)는 농사를 관장하던 '곡식의 신'으로 불린다. 유부초밥이 쌀을 담는 포대자루 형태를 취하게 된 것도 도하신을 기리는 일환으로 여겨진다. 일본에서는 지방에 따라 도하신을 여우와 동일시하거나, 도하신의 사자(使者)였던 여우가 가장 좋아한 것이 유부라 하여 여우를 가리키는 일본말 기쓰네(きつね)를 붙여 기쓰네즈시라 부르는 곳도 있다. 관동지방에서는 유부를 반으로 반듯하게 잘라 사용하고, 관서지방은 비스듬하게 잘라 삼각형 모양으로 사용한다.

관서풍의 유부초밥

관동풍의 유부초밥

흩뿌림초밥 (지라시즈시, ちらし寿司)

지라시(ちらし)라는 이름으로 더욱 친숙하게 알려진 흩뿌림초밥은, 식초와 소금으로 간한 밥을 그릇에 담고, 그 위에 다양한 종류의 식재료들을 흩뿌려 얹은 일종의 회덮밥과 유사한 초밥이다. 일반적으로 에도마에즈시에서는 쥠초밥에 이용하는 고급 식재료들을 밥 위에 얹은 것을 일컫지만, 관동지방에서는 보통 식초로 간한 식재료 위에 가늘게 채 썬 계란말이나 김 조각 등을 장식한 것도 모두 흩뿌림초밥이라고 부른다.

2장

초밥의 맛을 살리는
재료이야기

✺ 초밥과 쌀

초밥조리사마다 약간의 차이는 있겠지만, 초밥의 맛을 좌우하는 요소 중에 밥이 차지하는 비중이 60%, 많게는 80% 이상이라고 할 정도로 쌀은 초밥에서 절대적 위치를 차지한다. 그러나 혹자들은 '초밥에서 생선이 제일 중요하지, 밥이 뭐가 중요해?'라고 반문할지도 모르겠다. 사실 나 역시 일식 요리를 배우기 전, 그리고 배우고 나서 오랜 시간 동안 밥이 갖는 진정한 의미를 알지 못했다. 그리고 현장에서 40년이 넘은 지금은 어렴풋이 알게 됐지만, 과연 온전히 다 알고 있는가 자문해본다면 고개를 숙일 수밖에 없다. 그만큼 내가 선택한 이 길이 끝 모를 길 없는 길임을 매 순간 느끼는 요즘이다.

초밥은 한마디로 식재료와 밥의 조화가 만들어낸 신묘한 음식이다. 굳이 '신묘하다'는 표현을 쓴 이유는 초

밥이 바로 맛봉오리에서 느끼는 기본적인 단맛, 쓴맛, 신맛, 짠맛 이상의 또 하나의 신기하고 묘한 맛을 우리에게 선사하기 때문이다. 그 맛은 밥과 식재료가 목구멍을 타고 넘어가며 함께 만들어내는 것으로, 손님들에게 맛보게 하고 싶은 간절한 바람과 정성과 숙련된 기술이 갖춰지지 않고서는 감히 이루어낼 수 없는 신의 영역이라고 할 수 있다. 지금도 일본에서는 초밥조리사가 되려는 사람들에게 다른 기술을 전수하는 대신 2년 동안 쌀을 씻고 밥만 짓게 한다. 그만큼 초밥의 왕도는 밥에 있음을 알 수 있다.

이제부터 소개하는 밥에 관한 내용들은 다소 전문적이기는 하지만, 밥이 차지하는 비중이 큰 만큼 자세히 설명하고자 한다. 참고로 초밥에 쓰이는 식초로 간한 밥을 일본어로 샤리(シャリ), 스메시(酢飯), 스시메시(寿司飯)라고 부른다. 이 중 흰 쌀알이나 밥알을 뜻하는 샤리는 그 모양이 흡사 부처님이나 스님들의 몸에서 나오는 사리(舍利)와 닮았다 하여 원래 밥을 뜻하는 일본어 고항(御飯)과 함께 에도시대 때부터 사용되었다고 한다.

초밥의 미학

초밥조리사들은 무엇보다 어떤 쌀을 선택할까 무척 고심한다. 나 역시 손님들에게 좀 더 나은 초밥을 드리고 싶은 마음에 신품종 쌀이 나왔다는 소식을 들으면 어김없이 구매해 밥을 지어본다. 그때마다 쌀이 지니고 있는 저마다의 고유한 특성에 새삼 놀라고 신기해한다.

식물학적으로 볏과에 속하는 야생 벼는 약 20여 종이 있지만, 아시아종인 사티바(*sativa*)와 아프리카종인 글라베리마(*glaberrima*), 이 두 종만이 인간에 의해 재배된 것으로 학계에서 보고되고 있다. 그러므로 현재 동양인들이 주식으로 삼는 쌀들은 모두 사티바의 후예로 자포니카(단립종, 중립종)와 인디카(장립종), 이 두 아종(亞種)이 대표적이다. 자포니카종(학명인 *japonica*는 자포니카가 아닌 야포니카로 읽어야 하지만 통상적으로 '자포니카'로 쓰고 읽는다)은 우리나라와 일본에서 주식으로 삼는 쌀로, 낟알이 짧고 둥글며 밥을 지었을 때 단맛이 나고 찰기가 있어 잘 뭉쳐진다.

또한 흔히 '안남미[안남(安南)은 중국인이 베트남을 가리켜 부르는 명칭]'라고 알려진 인디카(indica)종은 베트남과 태국, 인도를 비롯해 전 세계적으로 가장 많이 생산되는 쌀이다. 인디카종은 낟알이 가늘고 길쭉하며 밥을 지었을 때 찰기가 적어 밥알이 흩어지는 특성이 있다. 동남아시아인들이 젓가락 대신 손으로 밥을 먹는 것도 이 때문이다.

초밥으로 쓰이는 쌀들은 모두 자포니카 아종으로, 이 중 우리나라와 일본의 유명 초밥집에서 가장 많이 사용하는 쌀은 고시히카리(こしひかり)이다. 고시히카리는 500종류가 넘는 일본 쌀들 중에서 생산량 1위를 차지할 정도로 그야말로 일본을 대표하는 쌀이다. 도열병(稻熱病, 벼가 타들어간다 하여 이름 붙여진 병)에 약하다는 결점을 제외하곤 낟알이 맑고 투명하며, 찰기가 강하고 밥맛이 좋다. 특히 식은 후에도 맛이 살아 있어 니가타현(新潟県)의 우오누마(魚沼) 지역이 산지인 고시히카리는 가장 높은 가격에 거래되고 있다.

그러나 정작 초밥으로 사용하기에는 이상적인 쌀이 아니다. 밥알에 끈기가 너무 많아 쥠초밥의 경우 자칫 쥐는 힘이 과할 경우 밥알이 한데 뭉쳐 주먹밥과 같은 식감을 주기 때문이다. 더욱이 식초가 밥알에 잘 스며들지 않는데다 쌀 자체의 고소한 맛이 강해 도미나 광어 등 담백한 맛을 요구하는 흰 살 생선들의 경우 생선 고유의 맛을 해칠 우려 또한 있다. 이 같은 단점에도 불구하고, 조리사들이 이 쌀을 선호하는 이유는 앞서 언급한 '식은 후에도 맛이 살아 있는 쌀'이기 때문이다.

　'쥠초밥은 36.5℃가 만들어내는 수예품'이라는 말이 있다. 갓 지은 뜨거운 밥에 식초와 소금으로 초양념을 한 후, 부채로 수분을 날려 사람의 체온인 36.5℃로 식혀 쥠초밥을 만드는 일련의 과정은 그야말로 도자기를 빚는 도예가의 손길과 닮아 있다고 할 수 있다. 쥠초밥의 기예(技藝)는 단연 얼마나 밥을 부드러우면서도 단단하게 쥐는가에 달려 있다. '부드러우면서도 단단하게'라는 말에 어폐가 있어 보이지만, "천천히 서두르라

(Festina lente)"는 로마의 황제 아우구스투스의 좌우명
도 있지 않은가. '부드러우면서도 단단하게'는 그야말
로 쥠초밥 제1의 기술이다.

초밥을 배우러 찾아오는 미래의 조리사들에게 나
는 다음과 같은 나만의 노하우를 알려주고 있다. '손으
로 밥알을 쥐었을 때 밥알 사이로 빛이 보여야 한다'
는 것. 가장 부드러운 것이 가장 강하다는 말처럼, 생
선살이 지닌 본래의 참맛을 한껏 품은 밥알들이 녹듯
이 스르르 부서지며 목을 타고 내려가는 부드러움, 이
부드러움이 곧 초밥의 미학이라고 나는 감히 생각한
다. 이때 중요한 것이 바로 밥의 온도로서, 36.5℃ 정도
로 식혔을 때 조리사는 최적의 조건에서 맛과 부드러
움의 완성도를 높일 수 있다. 밥이 너무 따뜻해도 그
리고 너무 차가워도 초밥은 더 이상 초밥이 아니다. 그
렇다고 초밥의 온도가 반드시 36.5℃여야 하는 것은
아니다. 이를 기준으로 하되 계절에 따라, 날씨에 따라
약간의 조절이 필요하다. 더울 때는 이보다 낮은 30℃
정도가 적정 온도라 할 수 있다.

이 같은 초밥의 과정을 이해한다면 '식은 후에도 맛이 살아 있는 쌀'인 고시히카리가 대단한 장점을 지닌 쌀임을 알 수 있다.

묵은쌀

독자 여러분은 의아해할 수도 있지만, 나에게 있어 묵은쌀은 마치 진흙과 같은 존재이다. 진흙을 빚어 새 생명을 불어넣듯 묵은쌀을 씻어 물을 잡고 밥을 짓는다. 그리고 그 밥에 초양념을 뿌린 후 내 체온과 같은 36.5℃가 되면, 나는 나무 밥통에 고이 담아 새 생명의 탄생을 숙연히 기다린다. 나는 들을 수 있다. 알을 깨고 아기 새가 나오듯, 묵은 껍질을 벗고 세상 밖으로 나오는 씨알들의 소리를….

비단 나뿐만이 아닐 것이다. 쌀의 구입부터 초양념한 밥을 나무 밥통에 담을 때까지, 부활의 의식에 참여한 모든 초밥조리사들은 쌀을 대하는 자세가 남다를 수밖에 없다. 왜냐하면 초밥에서는 단연 밥이 주연이고 생선이 조연이기 때문이다.

쌀은 수분의 함량에 따라 경질미와 연질미로 구분된다. 수분 함량이 적어 잘 부서지지 않는 단단한 쌀을 경질미라고 하며, 수분 함량이 높아 부서지기 쉬운 쌀을 연질미라고 한다. 하지만 같은 품종이라고 해도 토양이나 건조 당시의 기온과 습도 등 재배 조건에 따라 경질미 혹은 연질미가 결정되기도 한다. 예를 들어 같은 고시히카리 품종이라고 해도 추운 북쪽 지역에서 건조했을 경우 수분의 함량이 높은 데 반해, 따뜻한 남쪽 지역의 경우 수분 함량이 낮다. 그러나 요즘 들어 지역에 따른 이 같은 수분 함량의 차이는 거의 의미가 없어졌다고 할 수 있다. 왜냐하면 열풍 건조를 통해 지역에 상관없이 자의적으로 수분 조절이 가능해졌기 때문이다.

수치상 약간의 차이는 있겠지만 일반적으로 15~16%의 수분을 함유하고 있는 쌀을 연질미, 13~14%의 수분을 함유하고 있는 쌀을 경질미라고 한다. 따라서 즉석에서 초밥을 만드는 쥠초밥의 경우 조직이 부드러운 연질미가 사용되고, 누름초밥이나 틀초밥, 봉초밥과 같이 주로 시차를 두고 먹는 초밥의 경우 밥의 건조를 막기 위해 조직이 단단한 경질미가 사용된다. 관동지방과 관서지방의 초밥에 사용하는 쌀의 경도가 다른 만큼, 일본의 유명 초밥집에서는 쥠초밥과 틀초밥을 함께 파는 곳이 거의 없다고 보면 된다.

그러나 흥미로운 사실은 초밥에 사용되는 쌀이 경도와 상관없이 햅쌀이 아니라 묵은쌀이라는 점이다. 수분을 많이 머금고 있는 햅쌀의 경우 밥이 질어져 초밥 본연의 식감을 낼 수 없기 때문이다. 하지만 묵은쌀이라고 해도 1년이 넘으면 특유의 퀴퀴한 냄새뿐만 아니라 맛도 현저히 떨어져, 초밥집에서는 주로 전년도에 수확한 묵은쌀을 사용한다.

그러나 저온 보관법이 발달한 일본에서는 사정이 다르다. 3~4년 된 묵은쌀도 자연스레 초밥에 사용하며, 유명 초밥집에서는 양질의 초밥용 묵은쌀을 안정적으로 공급받기 위해 묵은쌀만을 취급하는 업자와 장기 계약을 맺기도 한다. 초밥에 적합한 최상의 쌀만이 식재료가 품고 있는 고유의 맛을 가장 잘 끌어낼 수 있다는 장인들의 고집이 세대를 이어 계승된 결과라 할 수 있다.

밥과 식재료의 조화

과거 지금과 달리 질보다는 양으로 밥이 주연 역할을 톡톡히 하던 시기가 있었다. 쌀이 부족해 일주일에 한 번은 반드시 혼식이나 분식을 해야 했던 1970년대로, 학교에서는 도시락을 책상에 올려놓고 선생님한테 일일이 검사까지 받던 엄혹한 시절이었다. 초밥 역시 자연히 맛보다는 밥으로 배를 채우는 음식으로 인식돼 밥을 많이 주는 곳이 단연 유명 초밥집이었다. 이후 경제 발전이 가속화되는 가운데, 1980~1990년대에는 경쟁적으로 밥의 양을 줄이고 생선의 비율을 높이는 식당들이 우후죽순으로 생겨나기 시작했다.

지금으로서 보자면 두 방식 모두 초밥에 대한 무지(無知)에서 일어난 시대적 산물이라 하겠다. 이미 언급

63

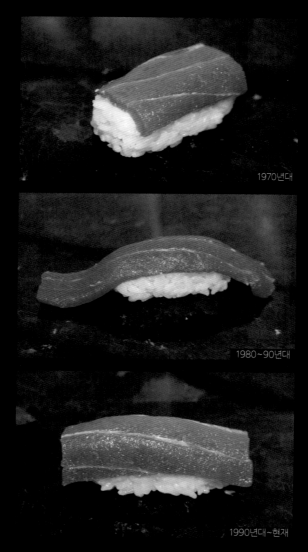

1970년대

1980~90년대

1990년대~현재

초밥의 변천

했듯 초밥은 식재료와 밥의 조화가 만들어낸 신묘한 음식이기 때문이다. 밥이 너무 많으면 생선살이 이미 위에 도달한 뒤에도 입에서는 여전히 밥을 씹고 있는 상황이 벌어진다. 반면 밥이 적고 생선살이 많으면 생선만 오래 씹는 상황이 벌어져 두 가지 다 결코 밥과 생선살이 만들어내는 초밥의 진수를 만끽할 수 없다.

이는 일본도 마찬가지였다. 에도시대의 초밥이 한 입 반 크기였다면 현재 한 입 크기의 쥠초밥이 된 것은 1890년대 이후이다. 당시 한 입 반이나 두 입 크기의 기준은 1관(貫)으로, 엽전 50개를 꿴 크기였으니 꽤나 컸음을 짐작할 수 있다. 이후 먹기가 힘들다는 불평이 서민들 사이에서 생기자 둘로 잘라 크기를 줄이게 되는데, 이 방식이 굳어지면서 일본의 초밥집에서는 동일한 생선초밥 2개를 주는 것이 일반화되었다고 한다. 물론 요즘 일본이나 우리나라의 초밥집에서는 생선당 각 1개만을 올리는 것이 당연하게 받아들여지고 있지만, 실은 내가 초밥을 처음 배울 때만 해도 동일한 초밥 2개를 만들어 손님에게 내는 것이 초밥의 정식이라고 교육을 받기도 하였다. 이처럼 초밥은 시대의 상황과 요구에 따라 그 모습을 달리해 변화를 겪기도 했지만, 밥이 주연이라는 사실만큼은 지금까지 변함이 없다.

따라서 밥과 식재료의 절묘한 비율이야말로 주연과 조연이 한데 어우러져 초밥이라는 완성된 작품을 이루어내는 시금석이라고 해도 과언이 아니다. 이때 요구되는 것이 바로 경험과 노력을 통해 축적된 조리사의 기술이다.

예전에 손님에게 무척이나 민망했던 적이 있었다. 방에서 식사하던 손님이 초밥을 먹고 나서 했던 말 때문이다. "이 초밥 안 선생이 만든 거 아니죠?" 사실 그 초밥은 다른 조리사가 만든 것이었다. 손님의 입맛은 이처럼 섬세하고 우리의 상상을 초월하곤 한다. 조리사마다 밥과 식재료의 비율이 다르며, 또 다를 수 있다. 하지만 초밥에는 기본적인 비율이 있다. 예를 들어 쫄깃한 식감을 지닌 흰 살 생선의 경우 일반적으로 부드러운 식감을 지닌 붉은 살 생선에 비해 밥을 많이 잡으며, 조개류는 둘의 중간 정도이다. 또한 성게 알처럼 입에서 금세 녹을 정도의 식감을 가진 재료라면 더욱 밥의 양을 늘려야 한다. 밥이 적으면 성게 알을 올릴 수 있는 공간이 부족하기도 하지만, 성게 알의 향이 밥알 사이사이에 스며들게 해 밥을 통해 끝까지 초밥의 진미를 느끼게 하기 위함이다.

밥과 식재료의 비율만큼이나 세심하게 고려할 사항이 있는데, 바로 밥을 쥐는 손의 악력(握力)이다. 생선 초밥을 먹는 방식에는 두 가지가 있다. 하나는 손으로 먹는 것이며, 다른 하나는 젓가락으로 먹는 것이다. 고급 초밥집에 가면 젓가락 이외에 데후키(てふき)라고 하여 작은 물수건이 상에 놓여 있다. 이는 손으로 초밥을 먹을 때, 밥알이 손에 붙지 않도록 손을 닦아야 하기 때문에 필요한 것이다.

손님에게 초밥이 건네졌을 때, 조리사는 손님의 반응을 먼저 유심히 살핀다. 손님이 초밥을 먹는 방식에 따라 밥을 쥐는 조리사의 악력도 달라져야 하기 때문이다. 즉 손님이 초밥을 손으로 먹는다면, 조리사는 젓가락으로 먹는 경우보다 밥을 쥐는 세기를 줄여야 한다. 손을 사용할 경우 자연히 젓가락을 사용할 때보다 초밥을 잡은 손에 힘이 덜 가해지기 때문이다. 이처럼 초밥은 조화가 이루어내는 합일(合一)의 작품이다.

밥과 식재료가 함께 하나가 되어 만들어내는 절묘한 비율의 조화, 그리고 손님과 조리사가 무언의 소통을 통해 함께 만들어내는 일심(一心)의 조화. 바로 이 조화가 초밥의 미학인 것이다.

밥과 설탕과 식초

앞에서 초양념을 밥에 섞는 가운데 식초와 소금만 언급하고 설탕이 왜 빠졌는지 의문을 갖는 분들도 있을 것이다. 실제로 우리나라나 일본 대부분의 초밥집에서 설탕이 초양념의 재료로 사용되고 있는 것을 감안해본다면 이 같은 의문은 지극히 당연한 것이다. 이에 먼저 식초의 변천 과정을 이해하면 자연히 설탕이 빠진 이유에 대한 설명이 되리라 생각한다. 참고로 나

손으로 먹는 방식

젓가락으로 먹는 방식

는 초양념을 할 때 소금과 흑초(黑酢), 적초(赤酢), 백초(白酢)를 일정 비율로 섞은 식초만을 사용한다.

　앞서 설명한 하야즈시(발효를 앞당기기 위해 밥과 생선에 직접 식초를 뿌려 신맛을 내는 새로운 방식)에 대한 기억을 떠올려보기 바란다. 만약 이 조리법이 개발되지 않았다면 에도마에즈시는 오늘날 존재하지 않았을지도 모른다. 사실 식초가 본격적으로 실생활에 퍼진 것은 에도시대에 들어서면서부터로, 이후 식초는 소금과 함께 초양념을 만드는 필수 조미료로 자리를 잡게 된다. 에도시대까지는 쥠초밥을 만들 때 소금과 함께 미초(米酢)와 박초(粕酢) 두 가지 식초를 사용했다.

　미초는 예전부터 수세기에 걸쳐 사용해왔던 오래된 식초로, 곡물식초 중 쌀의 함량이 리터당 40g 이상이어야 미초라고 인정되며, 연한 노란빛이 특징이다. 이에 반해 박초는 19세기 초반, 에도마에즈시에 대한 열풍이 전 도쿄를 휩쓸자 공급 부족을 미리 예측한 어느 양조장의 주인 나카노 마타자에몬(中野又左衛門)이 술을 빚은 후 술을 짜내고 남은 술 찌꺼기, 즉 술지게

미로 만든 기존과 전혀 다른 식초이다. 양조가라면 누구나 술통에 조금이라도 초산균이 남아 있으면 술이 식초로 변해 제대로 술을 담글 수 없음을 알고 있을 터, 이 같은 상식을 뛰어넘는 그의 획기적 발상과 노력이 결국 박초라는 전대미문의 식초를 탄생시키게 된 것이다. 색이 붉다 하여 적초(赤酢)라고도 불리는 박초는 미초에 비해 단맛도 강해, 이후 초양념에 소금과 박초만이 들어가는 것이 초밥 세계의 불문율처럼 인식되었다.

일본 식품점의 식초 코너에 가면 다양한 식초들이 줄지어 진열되어 있는데, 이 중 눈에 가장 많이 띄는 회사의 제품이 미즈칸(Mizkan)이다. 바로 박초를 개발한 나카노 마타자에몬의 후손이 1887년에 세운 회사이다. 박초는 쌀을 이용한 식초보다 가격이 훨씬 저렴했기 때문에 초밥이 서민들에게까지 손쉽게 보급될 수 있는 전기를 마련했다고 할 수 있다. 또한 단맛이 나는 박초가 있었기에 일본에서는 애초부터 설탕이 초양념에 들어갈 필요가 없었던 것이다.

미즈칸 박물관 (출처: www.mizkan.co.jp)

하지만 박초의 광풍적인 인기 역시 불과 한 세기 만에 그치고 만다. 박초의 단맛을 대신할 설탕의 필요성이 강력히 대두됐기 때문으로, 그 계기는 전후 일본을 들끓게 했던 '황변미사건(黃変米事件)'에서 기인한다.

태평양전쟁을 일으킨 전쟁 당사국으로서 젊은 연령대의 징집은 농촌의 일손 부족, 즉 생산 인력의 고갈을 야기했다. 당연히 생산력 또한 저하되었는데, 생산력을 떨어뜨리는 요인은 이뿐만이 아니었다. 비료를 생산해야 할 공장들이 모두 군수품을 만드는 공장으로 전환된 상태에서 농기구도 총알 재료로 내놓아야 했던 일본 농촌의 상황은 황폐 그 자체였다. 게다가 패전 후 돌아온 군인들로 인해 식량 부족 사태가 더욱 심각해졌다.

일본 정부는 대량의 쌀을 수입해 국민들에게 배급했는데, 이 과정에서 황변미사건이 벌어지게 된다. 1951년 수입된 쌀 중 일부에서 흰쌀이 황색 또는 황갈색으로 변한 황변미가 발견된 것이다. 이는 독소가 들어 있는 곰팡이가 번식해 변색이 일어난 것으로, 당연히 인

체에 해로우며 폐기처분되어야 마땅하다. 하지만 재정이 부족했던 일본 정부는 비밀리에 공급하려 했고, 이를 안 국민들의 강력한 저항에 부딪쳐 결국 포기하게 된다.

그러나 이 사건으로 말미암아 뜻하지 않은 불똥이 초밥에까지 튀게 된다. 붉은색의 박초가 밥과 섞이면 자연 붉은색을 띠게 마련인데, 황변미사건 때문에 예민해진 국민들에게는 그것이 황변미일지도 모른다는 두려움과 불신의 경계 대상이 된 것이다. 결국 초밥을 찾는 사람들의 수가 현저히 줄게 되자 등장하게 된 식초가 바로 무색의 백초(白酢)이다. 이렇듯 황변미사건이 결정적 계기가 되어 박초가 백초로 대체되기도 했지만, 전후 물자난으로 인한 박초의 부족도 한 몫 했다고 할 수 있다.

이후 거의 모든 초밥집은 박초 대신 백초를 사용하게 된다. 그러나 문제는 백초가 박초에 비해 단맛과 감칠맛이 훨씬 덜하다는 데 있었다. 결국 박초의 단맛에 길들여져 있던 도쿄 사람들의 구미를 사로잡기 위해 값이 비싸지만 설탕이 필요했으며, 결과적으로 초양념에 설탕이 들어가는 현재의 초밥 조리법에까지 이르게 된 것이다. 설탕의 단맛은 자극적이며, 그 맛에 한번 길들여지면 중독될 수밖에 없다. '단맛이 당긴다'는 것은 바로 중독을 의미한다. 그로 인해 초밥집들은 더 강한 단맛을 느끼게 하기 위해 설탕을 과다 첨가하게 되었으며, 일본의 모든 음식이 대체적으로 단 이유도 여기에 있다.

이는 비단 일본에만 국한된 이야기가 아니다. 우리에게도 어린 시절, 명절 최고의 선물이 설탕이었던 때가 있었다. 단맛에 굶주렸던 사람들에게 설탕은 그야말로 하늘에서 내리는 단비와도 같았다. 이렇듯 설탕이 최고의 인기를 타고 점점 식생활 속에 자리 잡게 되자, 사람들의 입맛은 자연 단맛에 길들여지게 되었으며, 그 결과 설탕이 들어가지 않으면 맛이 없는 음식으로 취급받기 일쑤였다. 초밥 본연의 맛을 제공하기 위해 본래의 조리법에 따라 정성스레 만든 초밥이 손님들에게는 오히려 맛없는 초밥으로 인식된다면, 또 그리하여 손님이 더 이상 찾지 않아 장사가 되지 않는다면, 이 문제는 생존의 문제와 직결된다. 실제로 내가 처음 일식에 입문했을 당시만 해도 설탕은 지금보다 훨씬 더 많이 사용되었었다. 다만 희망적인 것은 요즘 들어 설탕의 유해성에 대한 인식이 사회 전반에 확산되고 있다는 것이다.

물론 초밥 본연의 조리법에 따라 단번에 초양념에서 설탕을 제외할 수는 없다. 하지만 설탕을 대체할 방편이 전혀 없는 것도 아니다. 나는 설탕을 대신하는 것이 바로 밥이라고 생각한다. 초밥에 적합한 좋은 쌀을 선택해 밥 짓는 요령 등을 제대로 익힌다면, 설탕에 버금가는 단맛을 낼 수 있다고 확신한다. 예를 들어 고시히카리 대신에 사사니시키(ササニシキ)라는 쌀을 사용해보는 것도 좋은 대안이 될 수 있다. 이 쌀은 냉해에 약해 생산량이 적은 것이 흠이지만, 고시히카리에 비해 끈기가 적고 씹을수록 단맛이 우러나 쥠초밥에는 최적의 쌀이라고 할 수 있다.

나는 우리나라 작물과학원에서 자체 개발한 '삼광'이

라는 쌀 품종을 사용한다. 사사니시키가 너무 비싸다는 이유도 있지만, 가급적 우리나라 품종을 쓰고 싶기 때문이다. 쌀을 씻은 다음 15℃에 맞춘 물을 붓고 밥을 지으면 수분이 쌀알에 천천히 스며들어 겉은 고슬고슬하고 속은 부드러워 사사니시키를 능가하는 단맛을 낼 수 있다.

∞ 초밥과 생선 1

손님이 자리에 앉자마자 가장 먼저 던지는 질문 중 하나가 "오늘 물이 좋아요?"라는 생선의 선도(鮮度)에 관한 것이다. 모든 음식이 그렇지만, 식재료의 신선도가 맛을 좌우한다고 해도 과언이 아니다. 그러나 김치에도 생김치, 묵은 김치가 있듯이 신선도와는 무관한 또 하나의 요리의 세계가 존재한다. 바로 초밥의 세계가 그렇다. 초밥에 사용하는 생선은 식재료의 상태에 따라 활어, 숙성어, 선어로 구별한다.

활어

활어(活魚)는 말 그대로 살아 있는 생선으로, 이를 즉석에서 손질해 사용하는 조리법은 우리나라 대부분의 횟집이나 일부 일식집에서 하는 방식이다. 그야말

로 이보다 물이 좋은 식재료는 없을 것이다. 특히 수조에서 갓 잡은 생선의 쫄깃함을 좋아하는 한국인들은 활어가 아니면 생선으로 취급조차 하지 않으려는 경향이 있다. 조금 전까지 살아 움직이던 생선이나 소, 돼지 등이 죽으면 수분 이내 혹은 늦으면 2~8시간 이내에 사후 경직이 온다. 사후 경직이란 말 그대로 죽고 나서 근육이 수축하여 굳어지는 현상을 뜻하는 것으로, 생선의 경우 살이 단단해지는 것을 의미한다. 이처럼 쫄깃쫄깃한 상태는 어종과 크기, 그리고 근육의 상태와 영양 수준에 따라 3~4시간에서 길게는 5~22시간가량 유지되다 풀어진다. 우리가 먹는 활어회는 대부분 사후 경직이 일어났거나 일어나고 있는 단계의 것이라 할 수 있다. 생선 고유의 맛보다는 식감, 즉 살이 쫄깃하다거나 혹은 입에서 녹을 정도로 부드럽다거나 하는 육질의 질감에 의존해 생선의 맛을 판단하게 된다. 때문에 '물이 좋다'고 해서 곧 '맛이 좋다'는 것은 아니라는 점을 염두에 두어야 한다.

숙성어

결국 씹는 식감에서 한 발 더 나아가 제대로 생선 고유의 풍미를 느끼려면 반드시 숙성의 과정을 거쳐야한다. 왜냐하면 맛을 좌우하는 데 결정적인 역할을 하는 요소는 글루탐산과 이노신산이기 때문이다. 우리가 '생선(혹은 쇠고기, 돼지고기)이 참 감칠맛이 난다'고 느끼는 것은 바로 숙성을 통해 급격히 증가된 글루탐산과 지방산인 이노신산이 그 맛을 자아내기 때문이다. 특히 글루탐산은 생선이나 육류 내에 그 함유량이 미미한데다, 이 성분만으로는 감칠맛이 약해 반드시 숙성을 통해 발생한 이노신산과 함께해야 조미의 효과가 증폭된다. 결론적으로 이노신산이야말로 맛을 내는 주성분이라 할 수 있다. 더욱이 즉살(卽殺)한 활어회의 경우, 이노신산의 전 단계인 아데닐산이 이제 막 이노신산으로 전환되는 단계이므로, 아데닐산이 대부분 이노신산으로 변환되어 글루탐산과 함께 제대로 감칠맛을 내기 위해서는 반드시 일정 시간의 숙성 과정을 거쳐야만 한다. 이 점이 바로 우리나라 회 문화와 일본 회 문화의 큰 차이점이다. 우리나라는 쫄깃한 육질의 식감을 중시하는 데 반해 일본은 숙성을 통한 생선 고유의 감칠맛을 중시한다.

　그런데 숙성어를 신선도가 떨어지는 생선으로 오해하는 사람들이 많아 한번쯤 짚어보아야 할 것 같다. 숙성회는 말 그대로 숙성해서 썰어낸 회를 의미한다. 때문에 대부분의 사람들은 죽은 생선을 숙성시켰으니 당연히 선도가 떨어질 것이라 여긴다. 물론 과거 냉장이나 냉동시설이 없었던 시절이라면, 선도가 떨어지는 것이 분명하다. 하지만 살아 있는 생선을 즉석에서 잡아 포를 떠 수시간에서 하루 정도 냉장 숙성시킨 숙성어라면, 선도가 떨어질 것이라는 선입견은 이제 바꿀 필요가 있다. 숙성회는 활어회와 마찬가지로 살아 있는 생선을 잡은 것이며, 쫄깃한 식감 대신 감칠맛을 내기 위해 일정 시간 신선도를 유지해 숙성시킨 회이다.

선어

그렇다면 선어는 무엇일까? 선어 역시 숙성이 이루어진다는 점에서는 숙성어와 차이가 없다. 하지만 선어는 성질이 급한 생선이거나, 운송 과정에서 처리를 잘못했거나, 극심한 스트레스를 받았거나 하는 등의 여러 이유로, 산 채로는 도저히 유통하기 힘든 경우에 한해 죽은 생선을 횟감으로 사용하는 것이다. 따라서 숙성회는 살아 있는 생선을, 선어는 죽은 생선을 숙성시킨 것으로 이해하면 된다.

참고로 생선을 선어 상태로 냉동하였을 경우, 이노신산이 최대치로 상승하는 시간은 전갱이가 7~8시간, 방어와 도미가 12시간, 광어가 17시간 정도이다. 이때가 감칠맛이 가장 절정에 이르는 최적의 시간이라고 할 수 있다. 하지만 이는 어디까지나 평균치에 해당하는 적정 시간으로, 같은 어종이라도 생선의 상태, 즉 크기나 지방 함유량에 따라 숙성 시간을 달리해가며 조절해야 한다. 이는 오랜 경험을 통해서만 습득할 수 있는 고수의 영역이라고 할 수 있다.

결론적으로 활어, 숙성어, 선어 모두 물이 좋은 식재료들로, 횟감이나 초밥에 사용하는 데 아무 지장을 주지 않는다.

∞ 초밥과 생선 2

연어는 붉은 살 생선? 흰 살 생선?

얼마 전 어느 어류 칼럼니스트의 사이트에 들어가 글을 읽다가 얼굴이 붉게 달아오른 적이 있다. 명색이 초밥조리사로서 물고기와 함께한 세월이 수십 년인데도 물고기에 관한 기본 상식조차 제대로 갖추고 있지 못한 내 자신이 너무나 부끄러웠기 때문이다.

'연어와 송어가 붉은 살 생선이 아닌 이유'라는 제목의 칼럼에는 연어와 송어가 왜 흰 살 생선인지 자세히 설명되어 있었다. 아마 이 글을 읽는 독자 분들 중에도 연어와 송어가 흰 살 생선이라는 말에 적잖이 당황하는 분들이 있을 것이다. 나 또한 몹시 황당해 일본 관련 서적은 물론 인터넷을 한참 찾아보기 시작했다. 과연 곳곳에 연어와 송어가 흰 살 생선이라는 이유가 과학적 설명과 함께 조목조목 적혀 있었다.

그러나 정작 흰 살 생선이라는 사실보다 나를 더욱 당혹스럽게 만든 것은 다른 데 있었다. 인터넷에는 어류 칼럼니스트가 설명한 대로 연어가 흰 살 생선임을 분명히 적시하고 있음에도, 거의 모든 일본 스시 책에는 이와 달리 연어를 붉은 살 생선으로 분류하고 있었던 것이다. 저자들이 대부분 일본의 유명 초밥조리사들이었는데, 그들이 연어가 흰 살 생선인 것을 모르고 있었다는 사실은 당혹감을 넘어 그야말로 충격 그 자체였다고 할 수 있다.

한편으로는 나뿐만이 아니라 다들 모르고 있었구나, 생각하니 스스로에게 위로 아닌 위로도 됐다. 하지만 왠지 씁쓸한 기분은 풀어놓지 못한 이삿짐처럼 마음 한구석에 그대로 남아 한동안 지울 수 없었다. '배움의 길이 끝이 없다'는 옛 선인들의 말씀이 새삼 마음속 깊이 파고 들어와 나의 나태함에 경종을 울리는 계기가 되었기에, 이제 용기를 내어 남은 이삿짐을 풀어보고자 한다. 이 책을 통해 많은 독자와 초밥조리사들이 적어도 붉은 살 생선과 흰 살 생선의 구분만은 분명히 했으면 하는 작은 바람으로, 내가 이해한 구분법을 자세히 설명하고자 한다.

붉은 살 생선과 흰 살 생선

붉은 살 생선과 흰 살 생선의 구분은 눈에 보이는 살 색깔이 아니라 '미오글로빈(myoglobin)'이라는 근육 내 색소단백질의 함유량을 그 기준으로 한다. 아마 관련 분야 전공자가 아니라면 '미오글로빈'이라는 단어가 생소하게 들릴 것이다. 헤모글로빈(hemoglobin)이 적혈구 속에 다량으로 들어 있는 산소를 각 세포에 전달하는 기능을 맡고 있는 혈액 내 색소단백질이라면, 이와 구조가 비슷한 미오글로빈은 산소를 저장하는 기능을 맡고 있는 근육 내 색소단백질이다. 이 둘 모두 철(Fe) 성분을 함유하고 있어 붉은색을 띠는데, 특히 미오글로빈의 함유량이 높으면 살이 붉고, 적으면 흰색을 띠게 되어 이를 기준으로 붉은 살 생선과 흰 살 생선을 구분한다. 수산학에서는 헤모글로빈과 미오

글로빈의 함유량에 의해 붉은 살 생선과 흰 살 생선을 분류하고 살코기 100g당 10mg 이상이면 '붉은 살 생선', 그 이하는 '흰 살 생선'이라고 정의하고 있다.

연어나 송어가 살이 붉음에도 불구하고 흰 살 생선인 이유는 바로 미오글로빈의 함량이 매우 적기 때문이다.

그렇다면 미오글로빈의 수치가 낮음에도 살 색깔이 붉은 이유는 무엇 때문일까? 『식품과학기술대사전』에는 연어가 붉은 살 생선이 아닌 이유를, "연어의 살은 붉은색이지만 이는 미오글로빈에 함유된 붉은색 색소 때문이 아니라 적색의 카로티노이드 때문이다. 연어의 살은 미오글로빈의 함유량이 낮은 흰 살 생선과 성분이 비슷해 붉은 살 생선이라고 말하지 않는다"고 기술되어 있다.

여기에서 말하는 카로티노이드(carotenoid)는 동식물 조직에 광범위하게 분포하는 황색 내지 적색 색소군이다. 현재까지 알려진 카로티노이드는 약 600여 종에 이르며 이 중 가장 강력한 카로티노이드계 붉은색 색소는 새우와 게 등의 갑각류에 들어 있는 아스타잔틴 (astaxanthin)이다. 이 색소가 암을 억제하는 효과가 있다고 하자 새우 소비량이 급속히 증가하고 있는 추세이다.

결국 연어나 송어의 살이 붉은 이유는 미오글로빈 때문이 아니라 아스타잔틴이라는 붉은색 색소를 지닌 새우를 평생 먹어 체내에 붉은색 색소가 축적된 결과라고 할 수 있다. 귤을 많이 먹으면 피부나 손톱이 노랗게 변하는 이치와 같다고 생각하면 이해가 쉬울 것이다.

한편 연어의 경우와는 반대로 붉은 살 생선인데도 흰 살 생선으로 간주되는 생선이 있다. 바로 방어로, 비록 눈에는 살코기의 색상이 흰색에 가까워 마치 흰 살 생선처럼 보이지만, 실제로는 미오글로빈의 함유량이 100g당 12~30mg 정도이며, 붉은 살 생선으로 분류된다. 잿방어, 부시리, 줄무늬전갱이, 삼치 등도 마찬가지이다.

일본의 유명 초밥조리사들조차 지금도 그들의 저서

에 이 생선들을 흰 살 생선군으로 잘못 포함시키고 있는 것을 보면 생선을 다루는 대다수의 일본 조리사들도 여전히 시각적 판단에 의존해 이를 구분 짓고 있음을 확인할 수 있다. 특히 관동지방 사람들은 주로 방어를 구워서 먹기 때문에 방어가 흰 살 생선이라는 데에 추호의 의심도 없다. 왜냐하면 구웠을 때 몸 색깔이 희기 때문이다. 그러나 조리 이전의 색을 기준으로 이를 판단하는 만큼, 앞서 설명한 것처럼 생선의 살 색깔은 여러 요인에 의해 결정되므로, 단순히 시각적 판단만으로 붉은 살 생선 혹은 흰 살 생선이라 속단해서는 안 된다.

활동량과 비례하는 미오글로빈

여기서 한 가지 기억해야 할 것은 미오글로빈이 활동량과 비례한다는 사실이다. 활동량이 적으면 호흡을 통한 산소 공급만으로도 충분하지만, 활동량이 많으면 호흡만으로는 산소 공급이 충분치 않다. 그래서 활동량이 많은 어류들은 근육 내 산소의 저장체인 미오글로빈의 함유량이 높은 것이다. 한마디로 활동에 필요한 원활한 산소 공급을 위해 헤모글로빈 외에 미오글로빈이라는 또 다른 단백질을 통해 산소가 공급되도록 몸의 구조가 진화, 적응된 것이라 할 수 있다. 가다랑어, 참치, 방어, 청어, 전갱이, 고등어, 꽁치, 정어리 등이 거의 하루 24시간 쉬지 않고 움직일 정도로 활동량이 많은 생선들이다. 움직이기 위해서는 근육량이 많아야 하지만 근육에 축적된 다량의 산소 또한 필요하기 때문에 자연 미오글로빈의 수치도 높게 되는 것이다.

이 어종들 모두 계절에 따라 정기적으로 비교적 먼 거리를 쉬지 않고 근육을 움직여 유영해야 하는 고도 회유성 어종들로 강력한 지구력의 원천도 바로 헤모글로빈과 미오글로빈이 충분한 산소를 전달, 저장하고 있기 때문이다. 혹시 연어 역시 대표적 회유성 어종이라 활동량이 많을 것으로 짐작할 수도 있지만, 생각보다 산소 소비량이 그리 많은 어종이 아니다. 평소 한

군데에 주로 서식하다 산란철에만 강으로 거슬러 올라간다(소하. 溯河)고 하여 이들과 구분해 소하성 회유 어종으로 분류한다.

그나마 연어와 송어는 산란철에 이동을 위해 몸을 많이 움직이는 편에 속하지만, 도미, 복어, 농어, 쏨뱅이, 아귀, 대구, 광어, 가자미, 보리멸, 볼락 등 대부분의 흰 살 생선은 활동 범위도 적은데다 먹이를 잡을 때나 포식자로부터 도망칠 때를 제외하곤 자신이 서식하는 암초 근처를 천천히 유영하거나 해저에 몸을 붙인 채 여간해선 움직이지 않는 연안어나 심해어, 그리고 저서성 어류들이다. 때문에 순간적으로 폭발적인 힘을 요하는 일부 근육만이 발달했을 뿐, 전체 근육량뿐만 아니라 다량의 산소 공급원인 헤모글로빈이나 미오글로빈의 수치도 적으며 에너지원인 지방의 함량도 적다.

그 결과 붉은 살 생선과 흰 살 생선은 골격근에 있어서도 큰 차이를 보여, 붉은 살 생선이 지닌 적근(赤筋)은 대개 육질이 단단하고 맛이 진하며 철분을 많이 포함하고 있는 반면에 흰 살 생선이 지닌 백근(白筋)은 쫄깃하고 맛이 담백하며 지방이 적어 칼로리가 낮다. 참치나 새치류 등 붉은 살 생선의 초밥을 매우 선호하는 독자 분들이라면 붉은 살 생선의 특징 가운데, 육질이 단단하다는 말이 조금은 의아하게 들릴지도 모른다. 씹을 때부터 목을 타고 넘어가는 고소하고 녹는 듯한 부드러운 식감 때문에 이 생선들을 좋아하는데, 육질이 단단하다고 하니 말이다. 물론 초밥에 올리는 붉은 살 생선은 부드러움을 넘어 입안에 넣는 순간부터 녹을 정도이다. 그러나 위에 설명한 붉은 살 생선의 특징은 숙성 이전의 활어와 선어의 경우로, 실제 생선가게에 진열된 참치, 방어, 고등어 등 붉은 살 생선과 광어, 가자미 등 흰 살 생선의 살을 만져보면 육질의 차이를 뚜렷이 느낄 수 있다.

등 푸른 생선

초밥에서 다루는 생선류는 앞에서 언급한 붉은 살

생선, 흰 살 생선 그리고 한 가지 더 등 푸른 생선이 있다. 등 푸른 생선에 대해서는 아주 많은 사람들이 어쩌면 나보다 더 소상한 정보를 알고 있지 않을까 생각된다. 인터넷은 물론 무심코 텔레비전만 켜도 다양하게 잘 짜인 맛집 소개와 요리, 건강식 방송 등 음식에 관한 온갖 세세한 정보까지 늘 접할 수 있어, 어떤 이들은 웬만한 요리사들도 감히 범접할 수 없는 수준에 이를 정도이다. 이대로 간다면 우리 국민 모두가 요리사, 영양사가 되는 날이 그리 멀지 않은 것 같다.

더욱이 건강에 관한 관심이 그 어느 때보다 높은 이때 등 푸른 생선은 건강식품의 지존으로 자리 잡고 있다. 오메가 3, DHA, EPA, 불포화지방산 등 과거에는 들어보지도 못했던 생소한 용어들이 이제는 누구나 아는 일상용어가 되었으니, 나로서는 격세지감을 느끼곤 한다. 특히 젊은 층의 건강식과 요리에 대한 관심은 말로 표현할 수 없을 정도로 대단하다. 값이 싼 식당이 아님에도 언제부터인가 젊은 층 손님들이 하나 둘씩 늘어나기 시작하더니, 어느 날은 젊은이들로 식

당이 꽉 찬 적도 있었다. 예전 같으면 상상조차 하지 못했던 낯선 광경에 퍽이나 당황스럽고 혼란스러웠던 것이 사실이다. '과연 이들이 초밥의 맛을 알 것인가?', '과연 테이블 매너는 갖추고 있는가?' 등등 걱정 반 우려 반, 나는 초밥을 만들며 그들의 일거수일투족을 하나도 놓치지 않고 나도 모르게 감시 아닌 감시를 하고 있었다.

그러나 나의 걱정은 한마디로 기우 그 자체였다. 그들은 자못 진지했고, 내가 건넨 초밥을 눈을 감고 음미했으며, 누구보다도 테이블 매너에 있어서 완벽에 가까웠다. 또한 스마트폰이 아닌 정식 카메라를 들고 다양한 각도에서 사진을 찍었고, 조금이라도 모르는 것이 있으면 서슴지 않고 묻고 또 묻는 우리 세대와는 다른 너무나 바람직한 신인류였다. 이런 그들을 나는 진심으로 뿌듯하고 자랑스럽게 생각한다. '등 푸른 생선'과 무관한 이야기로 들릴 수도 있겠지만, 우리네 청년(靑年) 역시 푸름을 지니고 있기에 전혀 동떨어진 것만은 아니지 않을까 싶다.

다시 본론으로 돌아가면, 등 푸른 생선은 말 그대로 등이 푸른빛을 띠고 배가 은백색인 물고기를 총칭한다. 대다수의 어류학자들은 이 같은 몸 색깔을 띠게 된 원인을 살아남기 위한 생존 전략 차원의 진화로 보고 있다. 날짐승들과 바다 속 대형 포식자들의 공격으로부터 몸을 보존하기 위해 등은 바다색과 같은 푸른색으로, 또 배는 은백색으로 세대를 이어 진화 발전하였다는 것이다. 결국 푸른색과 은백색은 일종의 보호색이라고 할 수 있다.

등 푸른 생선은 대부분 활동량이 많은 붉은 살 생선들로 전갱이, 정어리, 고등어, 꽁치, 삼치, 청어 등 주로 회유성 어종들이 주를 이루지만, 학공치(학꽁치)와 같은 흰 살 생선도 등 푸른 생선군에 포함시킨다. 결국 등 푸른 생선의 기준은 헤모글로빈과 미오글로빈 등의 수치가 아니라 오로지 등이 푸른지 아닌지 하는 것으로만 보면 된다.

이미 언급했듯 등 푸른 생선은 대표적 건강식품으로, DHA, EPA 등 불포화지방산이 풍부해 심혈관 질

환이나 고혈압, 중풍 등 성인병 예방에 도움을 줄 뿐
만 아니라 뇌기능 발달에도 탁월한 효능을 보인다. 더
욱이 불포화지방산은 체내에서 스스로 만들지 못해
반드시 외부의 음식물을 통해 섭취해야 하기 때문에,
자연히 등 푸른 생선에 대한 수요는 가히 폭발적이라
고 할 수 있다.

　다행스러운 것은 등 푸른 생선 대부분이 어획량이
많아 값이 그다지 비싸지 않다는 사실이다. 가난한 서
민들의 건강을 배려한 조물주의 계획된 의도가 아니
었을까 혼자 추측하며 미소 지어본다.

혈합육(血合肉)

　지금까지 붉은 살 생선과 흰 살 생선, 그리고 등 푸
른 생선에 대해 간략히 정리해보았다. 여기에 살 색깔
과 관련해 도움이 될 만한 정보 한 가지를 덧붙여 마
무리하고자 한다.

　생선회를 먹다 보면, 다른 곳과 달리 짙은 암적색을

띠고 있는 부분을 발견하게 되는데, 피가 몰려 있는 근육이라 하여 혈합육(血合肉) 혹은 혈합근(血合筋)이라고 부른다〔초밥조리사들은 일본말 그대로 지아이(血合, ちあい)라고 한다〕. 대개 등이나 측선 바로 밑에 몰려 있거나 등뼈나 꼬리 주위에 붙어 있다. 도미나 숭어와 같은 흰 살 생선은 주로 등이나 측선 아래에, 가다랑어, 참치, 고등어, 정어리, 꽁치와 같이 활동량이 많은 붉은 살 생선은 등뼈 주위와 꼬리 부분에 집중되어 있다.

혈합육은 혈액이나 철분의 함량이 높아 비릿한 냄새를 풍기기 때문에 초밥으로 사용할 때는 이를 제거하고 나머지 부분만을 사용한다. 다만 흰 살 생선의 경우, 비린내를 느끼지 못할 만큼 혈합육이 적은데다 그 속에 비타민 등의 영양소가 풍부해 가시가 많은 측선 부분만 제거하고 등 밑에 있는 혈합육은 그대로 살려 사용한다. 만약 붉은 살 생선의 혈합육을 맛보고자 하는 미식가라면 꼬치구이로 먹거나, 생강을 넣은 양념장으로 조림을 해서 먹는 것을 권한다. 비린내도 줄일 수 있고 영양가는 영양가대로 취할 수 있기 때문

참치의 혈합육

도미의 혈합육

이다.

흥미로운 사실은 혈합육의 구성 성분이 간(肝)과 유사할 뿐만 아니라, 실제로 간 기능의 일부분을 분담하기 때문에 '제2의 간'으로도 불린다는 것이다. 그래서 혈합육이 발달한 생선들은 간의 크기가 작은 경향을 보인다. 혈합육을 많이 가지고 있는 어종일수록 그렇지 않은 어종보다 근육을 회복시키는 복원 능력이 탁월한 것도 혈합육이 간의 역할을 하기 때문이다. 먼 거리를 유영해야 하는 어종들에게 혈합육은 지속적인 활동을 가능케 하는 산소의 보고(寶庫)라고 할 수 있다.

3장
초밥을 맛있게 먹는 몇 가지 요령

∞ 자리는 초밥 카운터로…

지금까지 초밥에서 다루고 있는 세 종류의 상이한 생선들의 구분법 및 특성에 대해 함께 살펴보았다. 이 생선들은 세 가지 분류군에 따라 조리법에도 큰 차이를 보이는데, 이에 관해서는 다음 장에서 상세히 다루도록 하고 여기서는 초밥의 맛을 제대로 느낄 수 있는 몇 가지 간단한 요령을 알아보도록 하자.

먼저 초밥을 먹는 장소로는 테이블이나 방보다 가급적 초밥 카운터에 앉을 것을 권한다. 이는 일식뿐만 아니라 모든 다국적 음식에도 해당되는 사항으로, 주방과 손님과의 거리가 최단 거리일 때 음식의 본맛을 느낄 수 있기 때문이다. 예를 들어 양식집에서 스테이크를 시켰다면, 주방에서 가까운 테이블에 앉아야 고기의 맛을 제대로 느낄 수 있다. 규모가 별로 크지 않은 식당이라 해도 조리한 음식이 손님에게 전달되는 동안

식기 때문이다. 불과 몇 초의 차이가 맛을 좌우할 수 있음을 꼭 기억하자. 특히 다국적 식당과는 달리 카운터가 있는 초밥집의 경우, 조리사와의 소통이 가능한 만큼 자신이 선호하는 초밥을 즉석에서 하나씩 주문하고 먹을 수 있어 쥠초밥 본래의 장점을 최대한 누릴 수 있다. 더욱이 맛에 예민한 미식가라면 초밥을 먹는 순서 또한 자의적으로 정할 수 있다.

∞ "미각이 춤을 추듯이…"

대개의 초밥 카운터에서는 제일 먼저 도미나 광어 혹은 제철인 흰 살 생선들을 연달아 내주고 연이어 같은 군의 붉은 살 생선, 조개류, 갑각류, 그리고 마지막으로 등 푸른 생선을 내는 것이 일반적이다. 하지만 나는 이 순서를 따르지 않는다. 집중적으로 같은 종류를 먹을 경우, 먹는 재미도 없을 뿐더러 미각 자체의 감각이 둔해지기 때문이다. 이를 전문용어로 '맛의 피로효과'라고 한다. 내가 후배 조리사들에게 늘 하는 말 중의 하나는 "미각이 춤을 추듯이…"이다. 이 말에는 맛을 느끼는 본연의 감각들을 해치지 말며, 죽은 감각들도 되살리라는 의미가 담겨 있다.

그래서 나는 같은 군의 생선들을 연이어 내지 않는다. 담백한 흰 살 생선 한 점을 내었다면, 다음으로 진한 맛의 붉은 살 생선 한 점을 낸다. 그리고 조개류 한 점, 갑각류 한 점… 현란한 미각의 춤은 이제부터이다. 다음으로 붉은 살 생선 한 점, 흰 살 생선 한 점, 연어 알 한 점, 붕장어 한 점, 흰 살 생선 한 점, 등 푸른 생선 한 점, 성게 알 한 점… 온갖 종류의 식재료들에 압도당한 맛의 감각들은 정신없이 한바탕 춤사위를 벌인다.

그리고 마지막에 식초로 간한 고등어를 내밀면 휘모리장단에 맞춰 춤추던 '맛의 감각들'은 이제 동작을 멈추고 천천히 숨을 고른다. 이것이 바로 강약에 맞춘 '미각의 춤'이다. 때문에 카운터에 앉는다면, 미각이 벌이는 춤사위를 제대로 만끽할 수 있는 기회를 갖게 되는 셈이다. 간혹 간장이나 소금 대신 된장이나 고추장을 요구하는 손님들이 있다. 이 또한 맛이 너무 강해 미각을 해치는 요인이 되므로 가급적 삼갔으면 한다.

∞ 입을 개운하게 하기 위해서는 생강보다 오차

   미각이 제대로 춤사위를 벌이기 위해서는 생강이나 오차의 도움이 필요하다. 원산지가 인도 혹은 동남아시아로 추정되는 생강은 초밥에서 빼놓을 수 없는 중요한 향신료이자 부재료 중 하나이다. 생선이 찬 음식이라는 점에서 우리 몸을 덥혀주는 작용을 하는 생강과 곁들여 먹는 것 또한 매우 이상적이다. 더욱이 초밥집에서 나오는 생강은 초생강(생강을 얇게 썰어 끓는 물에 살짝 데쳐낸 후 소금을 뿌려 1시간 정도 펼쳐 식힌 다음 물, 식초, 설탕, 소금을 배합한 국물에 담가두고 필요한 양만큼 꺼내 사용함)으로, 생강의 독특한 향과 새콤달콤한 맛이 식재료, 특히 등 푸른 생선과 잘 어울려 입맛을 돋우는 역할도 한다.

   하지만 우리가 흔히 알고 있는 생강의 역할, 즉 생선의 종류가 바뀔 때마다 입을 개운하게 하기 위해서라

면 생강보다 오차를 권하고 싶다. 왜냐하면 식초에 절인 초생강인 가리(ガリ, 생강을 먹을 때, 혹은 생강을 얇게 썰 때 가리가리 소리가 난다고 하여 붙여진 이름)는 생선의 비린내를 없애준다는 장점이 있지만, 단맛이 강해 자칫 미각이 둔해질 우려가 있기 때문이다.

서양의 식문화가 와인과 음식의 조화를 중시한다면, 일본의 식문화는 청주와 음식의 조화를 강조한다. 하지만 나는 초밥과의 조화는 청주가 아니라 오차라고 생각한다. 일반적으로 오차라고 하면, 마치 숭늉과 같이 식사를 마친 후 입가심하는 뜨거운 물 정도로 여길 수 있지만, 초밥집의 오차는 식전에 제공되고 식사 중에 계속 마시는 것이니만큼 처음부터 그 용도가 다르다고 할 수 있다. 위에서 말했듯 뜨거운 오차는 별자극 없이 혀에 남아 있는 생선의 냄새와 기름기를 말끔히 씻어내는 역할을 하기 때문에, 오차를 마신다는 것은 새로운 초밥을 입안에 맞이하기 위한 일종의 사전 의식이라고 보면 된다.

이 같은 맥락으로 볼 때, 오차 또한 단맛이 나는 차

보다는 오히려 약간 떫은맛의 차가 적합하다. 오차의 온도 역시 75℃ 정도로 뜨거운 것이 좋으며, 한번에 다 마시기보다는 조금씩 나눠가면서 마시되 잔이 비면 금세 다시 채우도록 한다. 초생강을 먹은 후에도 같은 요령으로 오차를 마시면 각기 다른 초밥 고유의 맛을 제대로 음미할 수 있다. 초밥과의 절묘한 궁합, 그것이 바로 오차인 것이다.

⋙ 된장국은 입가심용으로⋯

생강이나 오차 외에도 초밥과 늘 함께하는 친구들이 있다. 그것은 바로 간장, 와사비(わさび), 된장국(미소시루, 味噌汁)이다. 이 가운데 된장국은 일본의 초밥집에서는 처음부터 곁들이지 않는 우리나라만의 독특한 차림이다. 우리나라의 군대나 구내식당의 기본 차림이 1식 3찬이듯 일본의 기본 밥상도 조림, 구이, 야채의 세 가지 반찬에 된장국이 함께 차려지는 1즙 3채(一汁三菜)인 점을 미루어보면, 초밥에 된장국을 곁들이지 않는 것이 의아할 수도 있다. 하지만 된장의 강하고 진한 맛이 초밥의 맛을 저해할 수도 있다는 점을 생각해보면 어느 정도 이해가 되기도 한다.

언제부터 우리나라 초밥에 된장국이 함께했는지 정확히 알 수는 없지만, 이제 기본 찬이 된 만큼 가급적 초밥을 다 먹은 후에 먹는 것을 고려해보았으면 한다.

만약 국을 좋아하는 사람이라면 된장국 대신 맑은국을 추천한다. 맑은국은 원래 전채요리나 술안주에 섞여 있는 단맛을 씻어내는 역할을 하기 때문이다.

∞ 붉은 살 생선은 간장,
　　흰 살 생선은 소금

　간장은 그 색깔만큼이나 진하게 그리고 강렬하게 내
기억 속에 남아 있다. 간장 하면 제일 먼저 떠오르는
것이 메주이다. 어린 시절 온 가족이 한데 모여 메주
를 빚는 날이면, 방 안은 온통 웃음바다였다. 사각형
으로 예쁘게 빚어야 하는데도 누구는 둥글게, 누구는
찌그러지게… 그나마 내가 가장 예쁘게 빚었던 것 같
다. 나는 유난히 메주 뜨는 냄새를 좋아했다. 다른 사
람들은 이 냄새가 싫어 코를 막고 볏짚에 엮인 메주가
줄줄이 걸려 있는 방 근처에는 얼씬도 하지 않았다. 하
지만 나는 그 냄새가 무척이나 좋았고, 지금도 그 냄새
를 그리워한다. 장독에 담긴 항아리에서 간장이 나오
고 된장이 나오는 것이 마냥 신기하기만 했던 철없던
시절. 요즘 들어 문득문득 떠오르는 까닭은 이제는 멀

고도 먼 젊음의 뒤안길로 남아, 마치 오래된 사진첩 속 빛바랜 흑백사진처럼 다시는 돌아가지 못할 내 인생의 애틋한 편린이기 때문일 것이다.

메주를 띄우고 장을 담그던 우리네 어머니들의 손길에는 장인의 혼 이상의 혼이 깃들어 있는 듯하다. 이렇듯 간장을 보면 이런저런 생각들이 떠오르니 간장은 내게 있어 그저 맛으로만 먹는 양념이 아니라 추억도 함께 곱씹을 수 있는 소중한 음식이라 하겠다.

지금 일본에서 가장 많이 사용하는 간장은 에도시대 중기 이후 콩과 밀을 반반씩 혼합해 만든 진한 간장이다. 일본 간장의 80% 이상을 차지하고 있는 이것은 농구(濃い口, こいくち) 간장, 즉 고이쿠치라고 한다. 특유의 향이 강하고 이전의 콩만으로 제조한 다마리(たまり, 溜り) 간장처럼 진한 검은 색깔을 띠는 것이 특징이다. 우리의 재래간장과 제조 방식이 비슷했던 다마리 간장 역시 이제는 밀을 혼합한다고 하는데, 밀이 당도를 높일 뿐만 아니라 발효를 촉진시켜 숙성 기간을 단축시키기 때문이다. 시중에서 판매되는 우리나라의 진

간장과 양조간장의 라벨 뒷면의 원재료명에도 소맥, 즉 밀이 적혀 있는 것을 확인할 수 있다. 우리나라 전통 장 중의 하나인 즙장(汁醬)도 콩과 밀을 배합해 만들었다고 한다.

농구 간장과 대척점에 있는 간장이 색깔이 연한 우스쿠치(うすくち)로, 한 가지 흥미로운 것은 한자로 표기할 때, 염분이 적어 짜지 않은 묽은 간장이라 오해를 일으킬 수 있는 박구(薄口), 즉 우스쿠치라는 한자 대신에 담구(淡口, あわくち), 아와쿠치로 표기한다는 사실이다. 실제로 담구 간장이 색이 연해 짜지 않을 것 같지만, 농구 간장보다 염분의 함량이 높은데, 이는 발효를 억제하기 위해 처음부터 고농도의 식염을 사용하기 때문이라고 한다. 주로 국물요리나 우동 국물 등에 사용하며, 농구 간장이 관동지방의 간장이라면 담구 간장은 관서지방의 간장이라고 할 수 있다. 이는 식재료가 지니고 있는 본래의 색을 중시하는 관서지방 사람들의 미적 감각과 더불어 국물요리에 다시마가 많이 들어가기 때문으로, 다시마 본연의 풍미를 잃지 않으려는 나름의 배려라고 할 수 있다.

 도쿄의 우동 국물이 검고 진한 반면 교토의 우동 국물이 맑고 연한 빛을 띠는 것도 간장의 차이 때문이다. 하지만 알고 보면 이 같은 차이의 근저에는 각 지역마다 다른 물의 성질에도 그 원인이 있다. 관동지방의 물은 주로 칼슘이나 마그네슘 등 미네랄의 함유량이 많은 경수(硬水)이고, 관서지방의 물은 이 성분들이 적은 연수(軟水)이다. 때문에 경수의 경우 물에 함유된 미네랄 성분이 단백질과 결합해 식재료들이 단단하게 뭉쳐져 제대로 식감을 낼 수 없을 뿐만 아니라, 글루탐산이나 이노신산처럼 맛을 내는 성분도 잘 우러나지 않는다. 반면에 연수는 미네랄 성분이 적어 식재료 본래의 맛과 식감을 제대로 살릴 수 있다. 이에 관서지방에서는 다시마를 모든 요리의 맛국물로 사용하는 조리법이 발달하게 되었고, 관동지방에서는 다시마 대신 가다랑어포 등 생선을 이용해 국물을 우려내는 조리법이 발달하였다. 자연히 관동지방에서는 생선에서 우러나오는 강한 풍미를 완화시키기 위해 진한 간장을,

또 관서지방에서는 다시마와 식재료의 고유한 풍미를 해치지 않기 위해 연한 간장을 사용하게 된 것이다.

최근 들어 간장과 더불어 소금을 내는 초밥집이 점차 늘어나고 있다. 불과 얼마 전까지만 해도 초밥은 으레 간장을 찍어 먹는 것이 불문율이었을 정도로 우리의 머릿속에는 소금이란 존재가 없었던 것이 사실이다. 하지만 요즘은 붉은 살 생선은 간장과 함께, 흰 살 생선은 소금과 함께 먹는 것이 대세이다. 과거 에도마에즈시 초기에는 간장이나 식초, 소금에 절인 생선을 주로 사용했기 때문에 간장을 따로 찍을 필요가 없었다고 한다. 그러나 이후 절인 생선 대신 날생선을 그대로 숙성시켜 사용하게 되자 간장으로 부족한 간을 맞춰야 했던 것이다. 지금까지 이 방식이 그대로 이어져 내려왔다고 보면 별 무리가 없을 것 같다. 흰 살 생선에 간장 대신 소금을 뿌리는 현재의 추세는 앞서 된장의 진한 맛이 담백한 식감을 해치듯 간장 또한 같은 맥락으로 이해하면 된다.

붉은 살 생선에 간장을 찍을 경우 생선살 끝에 간장

을 살짝 찍도록 해야 한다. 생선살이 아닌 밥에 간장을 찍을 경우, 밥알에 간장이 빠르게 흡수되어 초밥이 짜지고 밥알이 흐트러져 잡기조차 힘들어진다. 밥에 간장을 찍는 손님은 4~5개의 초밥을 먹으면 이내 간장 종지를 비우기 때문에 다시 간장을 찾기도 한다. 이는 초밥을 먹는 것이 아니라 간장을 먹는 것과 진배없다. 소금 역시 엄지와 검지 두 손가락을 이용해 약간만 쥐어 흰 살 생선 위에 골고루 뿌려서 먹도록 한다.

　나는 전 세계적으로 좋다고 하는 소금들이 거의 다 내 혀를 스쳐갔을 정도로 무수히 많은 소금을 맛보았다. 히말라야의 암염(岩鹽), 생명의 소금이라 불리는 몽고 소금, 크로아티아 소금, 프랑스 게랑드 소금, 해양심층수를 이용한 일본의 소금 등등. 하지만 개인적으로 나는 우리나라 천일염이 초밥과 가장 잘 어울리는 소금이라고 생각한다. 일단 소금은 기본적으로 짜야 하지만, 동시에 감칠맛과 고소한 맛도 품고 있어야 한다. 바로 이 같은 소금이 부안이나 곰소, 신안, 강화 등지에서 생산되는 천일염이다. 천일염을 볼 때마다 열악

한 환경에서 땀 흘리신 분들의 정성과 노고를 생각하게 된다. 그저 그분들께 감사할 따름이다. 간장의 맛에 취한 분들도 흰 살 생선을 먹을 때 소금을 뿌려 먹어보길 권한다.

∽ 와사비(山葵, わさび) 양은 어종에 따라 다르게

와사비를 국어사전에서 찾아보면 "고추냉이의 잘못된 표현"이라고 나와 있다. 그러나 우리나라에서 자라는 '고추냉이(*Cardamine pseudowasabi*)'는 일식당에서 흔히 만날 수 있는 '와사비(*Eutrema japonicum*(Miq.) *Koidz.*)'와는 엄연히 학명이 다른 만큼 종 자체가 다르다고 할 수 있다. 국어학계와 식물학계가 머리를 한데 모아 예쁜 순우리말 이름 하나를 지어주길 바란다. 새 이름이 지어지기 전까지 여기서는 '고추냉이' 대신 '와사비'를 사용하기로 한다.

아마도 초밥에 관심이 있는 사람이라면 언제부터 와사비가 초밥에 쓰였는지 궁금할 것이다. 초양념을 한 밥 위에 최초로 생선살을 올려 쥠초밥을 만든 사람은 하나야 요헤이(花屋与兵衛, 1799-1858)라는 초밥 장인으

로, 초밥의 시조로 알려져 있다. 물론 이전의 누름초밥이나 틀초밥 또한 정사각형 틀 속에 밥을 넣고 그 위에 생선살을 올리기도 했지만, 나무덮개로 다시 누르는 과정에서 고소한 지방이 빠져나가는 단점을 보완해 세상에 없는 새로운 초밥을 만들게 된 것이다. 그리고 그가 바로 밥과 전어나 새우 사이에 와사비를 얹은 최초의 사람으로 알려져 있다.

와사비는 원래 약초로 쓰이던 여러해살이풀로, 식용으로 사용된 것은 13세기 사찰음식으로 기록되어 있다. 앞에 언급한 것처럼 본격적으로 먹기 시작한 것은 에도마에즈시가 생긴 이후라 할 수 있다. 그 당시 포장마차의 주음식은 소바와 초밥, 뱀장어구이, 튀김으로, 이 중에 소바(메밀국수)와 초밥에 와사비가 함께하게 된 것은 우연이 아닐 것이다. 기본적으로 와사비의 매운맛을 내는 성분에는 타액 분비를 촉진시켜 입맛을 돋우는 효능이 탁월한 만큼 향신료로서 아주 매혹적인 식품이었을 것이며, 소바와 초밥 모두 찬 성질의 음식으로 분류되므로, 매운맛을 내는 더운 성질의 와사비와는 궁합이 잘 맞았다고 할 수 있다. 더욱이 위생 상태가 취약한 길거리 음식인데다 냉장시설조차 없어 식중독 발생 위험이 늘 도사리고 있던 시절, 와사비가 생선의 비린내를 없애줄 뿐만 아니라 세균 증식을 억제해 식중독 예방 효과에도 탁월함을 알고 소바와 초밥에 활용한 것으로 볼 수 있다. 그 당시 문헌을 살펴보면 실제로 변질되었을 수도 있는 소바 국물의 항균·살균작용을 위해, 혹은 고등어의 비린내를 없애기 위해 와사비를 사용했다는 여러 기록들이 있어, 옛 사람들의 생활 속 지혜를 잠시나마 엿볼 수 있다.

초밥은 조리사의 재량에 의해 와사비의 양을 정하는 만큼, 와사비에 대한 각자의 선호도에 따라 조리사와 의논해 양을 조절하도록 한다. 만약 테이블이나 방에서 초밥을 먹게 된다면, 미리 원하는 와사비의 양을 조리사에게 알리는 것도 초밥을 맛있게 먹는 요령이다. 일반적으로 참치 뱃살과 같이 기름기가 많은 생선은 와사비가 그다지 맵지 않게 느껴지기 때문에 많이 넣으며, 담백한 흰 살 생선에는 조금만 넣는다. 조개류는 바다의 향을 여전히 머금고 있는 만큼 이들의 중간 정도의 양이라고 생각하면 된다. 다만 위장 장애가 있는 분이라면 와사비의 양을 가급적 줄이도록 한다. 와사비의 매운 성분이 위장에 무리를 줄 수 있기 때문이다.

이제 와사비를 맛있게 먹는 요령에 대해 살펴보고자 한다. 일반적으로 와사비를 생선회와 먹는 방식에는 ① 생선 한쪽에 발라서 먹는 법, ② 생선 중앙에 조금 얹어 말아서 먹는 법, ③ 간장에 풀어서 먹는 법 등이 있다(134쪽 그림 참조).

이 중 반드시 이런 방법으로 먹어야 한다는 왕도는 없다. 다만 와사비 고유의 향과 생선의 맛을 동시에 즐기려면 생선 중앙에 조금 얹어 말아서 먹는 방법을 권하고 싶다. 밥과 생선살이 한데 어우러져 만들어내는 초밥의 절묘한 조화로움을 생선살과 와사비를 통해 느낄 수 있기 때문이다.

지금까지 초밥에 관한 총론이라 할 수 있는 주재료

인 밥과 생선, 그리고 주연과 조연을 빛나게 하는 여러 향신료와 조미료 등에 대해 함께 알아보았다. 다음 장에서 기술하는 내용은 각론에 해당한다고 할 수 있다. 먼저 붉은 살 생선에 속해 있는 물고기들에 관해 소개하고 다음으로 흰 살 생선, 등 푸른 생선, 새우류(갑각류), 조개류, 문어/오징어, 그리고 그 밖의 어종들에 대해 차례로 설명하고자 한다. 초밥의 본류가 일본인 만큼 어종들에 대한 이해를 돕기 위해 일본어 명칭도 첨가하였으며, 비슷한 어종과의 구별을 위해 라틴어 학명도 적어두었다.

"아는 만큼 보인다"는 말이 있다. 각론이 끝날 때쯤 어패류에 관한 다양한 정보를 통해 단지 오감으로 느끼던 감각적 초밥에 더해 지적 충만함까지 보태져 진정한 초밥의 세계에 한 발 더 가까이 다가가는 계기가 되기를 진심으로 희망해본다.

4장
어종별 특성 및 조리법

붉은 살 생선

참다랑어

가다랑어

방어

잿방어

참다랑어

Thunnus thynnus

참치는 고등엇과에 속하는
바닷물고기로 일반적으로
다랑어류(참다랑어, 황다랑어, 날개
다랑어, 눈다랑어, 가다랑어 등)와 새치류(청새치, 백새치,
흑새치, 황새치, 돛새치 등) 모두를 포함한 통칭으로 사
용되고 있다. 헤밍웨이의 『노인과 바다』에서 산티아
고 노인이 사흘간의 사투를 벌이며 마침내 건져 올
린 물고기가 바로 청새치이다. 흥미로운 사실은 외
계의 온도에 의해 체온이 변하는 변온동물임에도

불구하고 참치는 특이하게도 일부 대형 상어와 함께 괴망(怪網)이라는 특수한 혈관조직 덕분에 자신의 내장과 근육을 따스하게 유지시킬 수 있는 체온 조절 능력을 지니고 있다.

주로 일식요리에서 사용하는 참치는 새치류가 아니라 다랑어류로, 이 중 미식가들이 가장 선호하는 참치는 참다랑어(本鮪)이다. 참다랑어는 단백질, 인, 셀레늄, 비타민 A, D 및 B 복합체가 풍부한데다 콜레스테롤이 낮고 불포화지방산인 오메가 3가 풍부해 심혈관 질환이 있는 환자도 부담 없이 즐길 수 있는 식재료이다.

하지만 워낙 먹이사슬의 최상단에 위치한 포식자인 까닭에 바다 오염으로 인한 중금속들이 체내에 축적되어 건강에 악영향을 미칠 수 있다는 의견도 많다. 그럼에도 미식가들 사이에서는 여전히 가장 선호하는 생선 중 하나이다. 2019년 1월 5일 도쿄 도요스(豊洲) 시장에서 열린 새해 첫 경매에서 무게 278kg의 아오모리(青森)현 오오마(大間)산 참다랑어 한 마리가 3억 3천360만 엔에 팔려 기네스북에 가장 비싼 참치로 등

재되기도 하였다. 이는 약 34억 7천만 원에 달하는 것으로 이를 초밥에 사용할 경우 개당 70~80만 원이라는 계산이 나온다. 또한 천황이 바뀌고 처음 새해를 맞는 2020년 경매에서는 무게 276kg의 오오마산 참다랑어가 1억 9천320만 엔에 낙찰되었는데, 이는 1999년 경매를 집계한 이래 두 번째로 높은 가격이라고 한다.

참치는 부위에 따라 명칭을 달리한다. 등뼈 주변의 힘줄이 없는 속살을 아카미(赤身, あかみ), 등 바로 아래의 등살과 배의 중간 부위의 뒷부분과 뒷지느러미 바로 위의 뱃살을 주토로(中トロ, ちゅうとろ), 머리 쪽 뱃살과 배 중간의 일부 부위를 오오토로(大トロ, おおとろ)라고 하는데, 이는 지방의 함유량에 따라 달리 붙여진 이름이다. 특히 등살의 주토로 부분을 뱃살의 주토로와 구분 지어 세토로(背トロ)라고 한다.

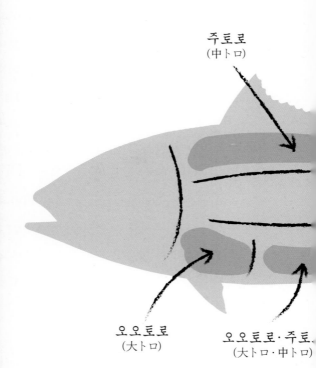

주토로
(中トロ)

오오토로
(大トロ)

오오토로·주토로
(大トロ·中トロ)

아카미
(赤身)

주토로
(中トロ)

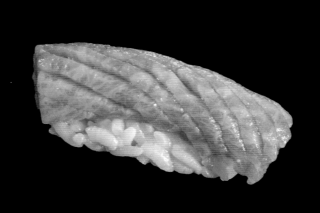

오오토로 大卜口

　참치는 배 쪽이 등 쪽보다, 또 머리 쪽이 꼬리 쪽보다 지방의 함유량이 높으며, 지방이 많을수록 값이 더 나간다. 따라서 지방의 함유량이 가장 높은 머리 쪽 뱃살인 오오토로는 참다랑어를 비롯해 다랑어류에서만 볼 수 있는 매우 희소한 부위로 가장 비싸게 거래된다. 참다랑어는 가을부터 초봄이 제철로, 겨울에 모든 부위에서 최고의 식감을 느낄 수 있다. 참치 살 사이사이 마치 주름처럼 하얗게 섞여 있는 지방층으로 인해 '녹는다[溶]'는 것을 뜻하는 '도로(とろ)'의 어원처럼 참치 뱃살은 입안에 넣는 순간 녹아 다른 생선에서는 느낄 수 없는 오오토로만이 지니고 있는 특유의 고소한 맛과 단맛을 느낄 수 있다.

　에도시대 이전에는 참치라고 하면 살코기인 아카미만을 취하고 금세 상하기 쉬운 뱃살은 기름기가 많아 최하층 서민이 먹는 하급 부위로 여기거나, 심지어 고양이도 먹지 않아 버리기까지 했다. 하지만 냉동, 냉장과 같은 저장 시설과 운송 수단의 발달로 1960년대 이후에는 최고의 부위로 새로이 각광받게 된다. 현재는 몸 전체를 뱃살로 만들 수 있는 최첨단 양식 기술 수준까지 도달해 있다.

주토로 中トロ

주토로는 오오토로보다 꼬리 쪽에 가까운 배나 머리 쪽에 가까운 등 부위로 오오토로보다 지방의 함유량이 낮다. 힘줄이 적으며, 아카미에 없는 지방의 고소하면서도 부드러운 단맛과, 오오토로에 없는 살코기의 시고 감칠맛 나는 단단한 육질의 식감을 함께 음미할 수 있어 참치의 백미로 꼽히기도 한다. 이 때문에 일본 남녀 직장인 226명을 대상으로 선호하는 참치 부위를 묻는 조사(2015년)에서 오오토로보다(16.8%) 주토로를 선호하는 사람들이 19.9%로 더 높게 나타나 화제가 되기도 하였다.

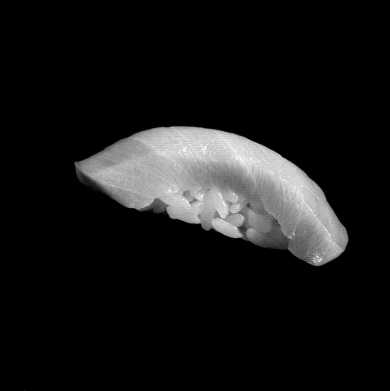

아카미 赤身

일반적으로 초밥집에서 참치, 즉 마구로(まぐろ)라고
하면 도로(とろ)와 구별 지어 지방이 적은 저칼로리 고
단백의 붉은 살 아카미를 가리킨다. 육질이 단단하고
담백하면서도 신맛이 도는 참치 본연의 맛을 동시에
느낄 수 있는 부위이다. 담백함과 신맛, 이 두 가지 맛
의 균형을 조화롭게 맞추는 것은 조리사의 기술이며,
신선한 참치를 어느 선까지 숙성시켜 맛의 변화를 줄
것인지 끝없는 노력이 필요한 부분이다. 특히 다시마
와 가다랑어포를 넣고 우려낸 국물에 진간장, 청주, 미
림을 첨가해 끓여 식힌 이 양념 국물에 초밥용 크기로
자른 아카미를 적정 시간 담갔다 건져 밥에 올리는 절
임초밥(즈케즈시, ヅケずし)은 계란 요리인 교쿠[玉]와 함
께 초밥집마다의 개성을 확연히 느낄 수 있는 식재료
이다. 여기서 적정 시간이라 함은 참치의 두께나 보존
상태, 즉 냉동 참치인지 혹은 생참치인지에 따라 짧게
는 7분에서 길게는 12시간까지 크게 달라질 수 있다.

예를 들어 생참치의 경우 냉동 참치보다 시간이 더 오래 소요된다.

나카오치 中落ち

참치의 양쪽 살을 발라내고 남은 가운데 등뼈 부분에 붙은 살을 말한다. 다른 부위와는 달리 지방이 적당히 올라 특유의 고소한 맛이 일품이다. 특히 숟가락으로 살을 긁어내기 때문에 입안에 넣자마자 녹아버릴 정도로 식감이 부드럽다. 주로 초밥의 일종인 네기토로(ねぎとろ)나 덮밥의 주재료로 사용되는데, 형태는 군함말이초밥 외에 호소마키나 손말이초밥 등 다양하다. 간혹 일본의 일부 회전초밥집에서 제공되는 네기토로는 숟가락으로 긁어낸 살이 아니라, 회를 뜨고 남은 자투리 살에 생선유나 식물유 등의 기름과 조미료, 착색제를 혼합해 가공한 것으로, 외양은 비슷하지만 맛에 있어 큰 차이를 보인다.

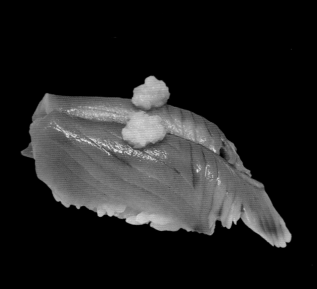

鰹 <small>かつお</small>

가다랑어

Katsuwonus pelamis

　물고기들이 물속에서 자유자재로 뜨고 가라앉을 수 있는 것은 부레가 있기 때문이다. 부레는 일종의 얇은 공기주머니로, 주머니 속 공기의 양을 조절해 자신이 원하는 대로 정교하게 위아래로 움직이게 된다. 하지만 이 같은 물고기는 단단한 뼈를 지닌 경골어류에 해당되며, 따라서 모든 어류들이 부레가 있는 건 아니다. 부레가 없거나 퇴화된 물고기는 저서성 어종인 가자밋과를 비롯해 상어와 가오리 같은 연골어류, 고등어와 참치와 같은 고등엇과, 그리고 세상에서 가장 못생겼다고 하는 블로브피시(blobfish)와 같은 심해어이다.

고등엇과에 속해 부레가 없는 가다랑어는 쉴 새 없이 몸을 움직여 부력을 일으켜야 물에 떠 있을 수 있다. 더욱이 근육을 통해 아가미뚜껑을 여닫으면서 산소를 체내에 공급하는 다른 어종들과 달리 가다랑어는 다랑어류와 마찬가지로 아가미를 열지 못한다. 이때문에 가다랑어는 유영을 하는 동안 입을 벌리거나 새공(鰓孔), 즉 아가미구멍을 통해 바닷물을 유입시켜 산소를 공급받는다. 만약 이 같은 기능에 문제가 있을 경우 가다랑어는 질식해 즉시 죽음에 이르기도 한다. 또한 매초 6~7m, 최고 27m의 고속으로 헤엄치기 때문에 가다랑어의 비늘은 다른 다랑어류와 마찬가지로 퇴화하여 가슴지느러미 주변을 제외하면 아주 작거나 거의 없는 것이 특징이다.

일본에서는 가다랑어를 가쓰오(鰹, かつお)라고 부른다. 이는 살이 단단한[堅] 생선[魚]이라 하여 붙여진 이

름이다. 일본 요리에 빠지지 않고 사용하는 조미료가 바로 가쓰오부시, 즉 가다랑어포이다. 내장과 뼈를 제거한 가다랑어의 살을 여러 차례 훈제시켜 수분을 충분히 제거한 후 4~5개월 정도 발효·건조시킨 다음 대패로 얇게 깎아 국물을 우려내거나 소스로 사용한다.

아마도 요즘처럼 가다랑어가 대중의 사랑을 한 몸에 받은 적은 별로 없었던 것 같다. 이는 가다랑어가 참치 통조림의 주재료로, 워낙 맛도 있지만 다이어트나 손쉬운 간편식을 선호하는 현대인들의 변화된 식생활 습관이 한 몫 했기 때문이다.

참치 통조림으로 사용하는 다랑어종은 가다랑어, 황다랑어, 날개다랑어로, 이 중 가다랑어가 차지하는 비율이 전 세계 참치 통조림의 70~80%이다. 일반적으로 참치류는 회 혹은 겉면만 살짝 익힌 다타키(タタキ) 방식으로 조리해 먹는데, 가쓰오 다타키(鰹のタタキ)는 포를 뜬 가다랑어의 껍질 쪽을 가는 쇠꼬챙이로 촘촘히 찔러 소금을 뿌린 후 짚불에 껍질과 살 부분을 살짝 구운 다음, 얼음물에 담가 살의 탄력을 되살리는

조리법이다. 굽게 되면 껍질에 붙어 있는 지방이 녹아 가다랑어 특유의 깊고 진한 맛과 향을 한층 느끼게 해줄 뿐만 아니라, 얼음물에 담갔을 경우 살 표층에 남은 열이 속살에까지 전달되는 것을 막을 수도 있다.

초밥으로 만드는 경우 조리한 가쓰오 다타키 위에 간 생강과 실파를 올리는데, 이는 순간적으로 타오르는 볏짚의 강력한 불맛과 독특한 짚불의 향을 중화시키면서 겉살의 구운 식감과 회 그대로의 속살의 식감을 조화롭게 이끌기 위함이다.

우리나라에서는 5월경에 제주도 근처에서 잡히는데 일본 것보다는 지방이 적고 살도 물러 맛이 떨어지는 편이다. 일본에서는 4월부터 6월경에 잡히는 가다랑어를 '햇가다랑어', 즉 초견(初鰹)이라 부르며 이때의 가다랑어를 최고로 꼽는다. 담백한 맛 때문에 지금까지 죽순과 고비와 함께 봄철 제철 음식으로 사랑받기도 하지만, 실은 그 해에 맨 처음 나온 햇것(맏물)을 먹으면 수명이 75일 연장된다고 믿기 때문이기도 하다. 여기에는 재미있는 일화가 있다. 에도시대 때, 형 집행관은 사형수에게 최후의 온정으로 '먹고 싶은 것이 있으면 뭐든지 주어야 한다'는 규칙이 있었다고 한다. 이에 사형수는 조금이라도 생명을 부지하기 위해 철 지난 음식을 요구했고, 결국 75일이 지나 원하던 햇것을 먹은 후에야 형이 집행됐다고 한다.

이후 '만물문화'가 퍼진 에도시대, 햇것을 먹으면 수명이 연장된다고 믿게 된 사람들에게 '햇가다랑어'는 최고의 만물이었다. 이 같은 인기에 힘입어 한때 사가미만(相模湾)에서 잡힌 햇가다랑어가 비정상적으로 가격이 폭등하자 결국 막부가 금지령을 내릴 정도였다고 하니, 오래 살고 싶어 하는 인간의 욕망은 끝이 없는 것 같다. 에도시대 때는 지금과는 달리 참다랑어가 싼 생선, 가다랑어가 고급 생선으로 취급받았다고 한다.

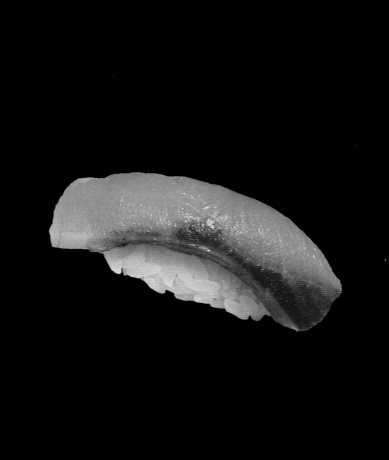

방어

Seriola quinqueradiata

　　도쿠가와 이에야스가 권
력을 장악해 에도가 정치의
중심이었던 1867년까지 일본의 무사나 학자는 성인
이 되거나 사회적 지위가 높아감에 따라 새로운 이
름을 부여받는 중국식 관습을 따랐다고 한다. 여기
에서 유래되어 물고기 역시 유어(幼魚)에서 성어(成
魚)까지 자라면서 이름을 바꾸어 부르는 어종이 있
는데, 이를 출세어(出世魚)라고 하며 대표적인 생선이
방어, 숭어, 농어 등이다.

방어는 농어목 전갱잇과로 분류되는 해수어의 일종인데, 북서태평양에 서식하며 회유하는 대형 육식어로 일본에서는 부리(ブリ)라고 부른다. 방어가 출세어라 이름이 여럿인 만큼 부리라는 명칭은 일반적으로 몸길이가 80cm 이상인 성어를 가리킬 때에만 국한해서 사용한다. 흔히 초밥집에서 방어를 하마치(ハマチ)라고 부르는 경우가 있는데, 정확히 말하자면 하마치는 관서지방에서 부르는 몸길이 20~40cm의 방어의 새끼를 가리키며, 관동지방에서는 몸길이와 상관없이 양식 방어를 가리킬 때 자연산과 구별해 하마치라고 부른다.

　일정한 크기가 넘어서면 맛과 식감이 현저히 떨어지는 다른 생선과 달리 방어는 클수록 더 감칠맛이 난다. 일본말 부리라는 한자어 '鰤(사)'를 훈독해 살펴보면, 피상적으로나마 방어에 대한 일본인들의 시각을 엿볼 수 있다. 물고기 어(魚) 옆에 사(師)를 합침으로써, 12월을 의미하는 일본말 사주(師走) 시기에 기름이 최고로 올라 한겨울 방어가 가장 맛있음을, 또 사(師) 역시 높은 벼슬이나 스승을 나타내는 뜻이므로 곧 대어 (大魚)를 표현한다고 할 수 있다.

이처럼 방어는 겨울철을 대표하는 큰 생선으로, 생김새가 유사한 부시리[일본말로는 히라마사(平政, ひらまさ)]와 흔히 혼동하는데, 방어는 위턱의 가장자리가 각진 데 반해 부시리는 둥글며, 방어는 가슴과 배지느러미의 길이가 거의 비슷하지만 부시리는 가슴지느러미가 배지느러미보다 짧다. 두 어종 모두 우리나라 주요 어종의 하나로, 방어는 동해안과 제주도 근해에, 부시리는 제주도를 포함해 남해안, 서해안에 고루 분포되어 있다. 원래 제주도에서 많이 잡혔지만 온난화 영향으로 수온이 올라가 지금은 강원도에서 더 많이 잡힌다고 한다.

대개 8kg 이상 무게가 나가는 방어는 하루 정도 숙성시켜 초밥이나 회로 먹지만, 한겨울에 방어의 뱃살을 가늘게 채 썰어 다진 대파를 함께 섞어 김말이초밥으로 만들면 또 다른 식감을 느낄 수 있다.

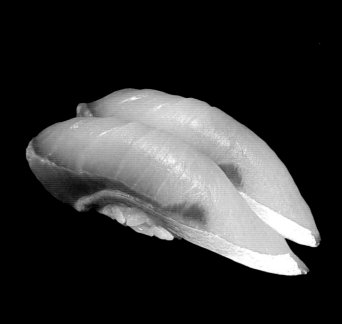

잿방어

Seriola dumerili

    방어와 부시리 그리고 잿방어는 모두 전갱잇과에 속한 어종으로 생김새마저 비슷해 여간해선 셋의 차이를 제대로 구분해내기가 힘들다. 흔히 이름처럼 몸 색깔에 잿빛이 돈다든가, 몸통이 다른 두 종에 비해 좀 더 두툼하다는 것으로 구별하는 사람도 있다. 하지만 잿방어가 여덟 팔(八) 자처럼 보이는 굵은 암갈색의 줄무늬가 정수리로부터 양쪽 눈을 거쳐 위턱까지 뚜렷이 나 있다는 것을 알면, 줄무늬의 유무를 통

해 의외로 쉽게 구별해낼 수 있다. 이 같은 형태적 특징 때문에 일본에서는 잿방어를 간파치(間八, かんぱち)라고 부른다. 하지만 이 무늬 역시 점차 성어가 되면서 흐릿해지기 때문에, 몸길이 1m 안팎의 잿방어를 방어와 부시리로 착각하는 우를 자주 범하기도 한다. 잿방어, 방어, 부시리 중에서는 부시리가 지방이 가장 적고 최대 몸길이는 가장 길다.

잿방어는 지중해와 멕시코만을 포함해 우리나라, 일본, 동중국해, 인도네시아 등 전 세계의 열대·온대 해역에 넓게 분포해 수심 20~70m 깊이에 서식하는 까나리나 멸치류 등의 작은 물고기, 두족류, 갑각류 등을 먹고 산다.

또한 무리 중 한 마리가 유영을 멈추면 다른 물고기들도 따라서 멈추는 습성 때문에 일단 한 마리가 낚이면 연이어 다른 잿방어들도 걸려들어, 거문도나 흑산도에서는 저마다 좋은 위치를 차지하려는 낚시 동호인들로 여름철 바다가 북적인다. 잿방어는 겨울철 생선인 방어와 달리 부시리와 마찬가지로 육질이 단단해지고 지방이 오르는 여름이 제철이다. '겨울에는 방어, 여름에는 잿방어' 정도는 외우고 있어야 진정한 미식가라고 할 수 있다. 특히 잿방어에는 피부 보습과 점막 복원에 도움을 주는 나이아신이 함유되어 있어, 건성 피부나 구강염 등 점막 이상에 큰 효과가 있다. 참고로 도쿄에서는 잿방어, 오사카에서는 부시리를 더 선호한다고 한다. 초밥은 방어와 동일한 방법으로 하되, 12시간 정도 숙성을 해도 육질의 부드러움과 진한 감칠맛을 느낄 수 있다.

흰 살 생선

간재미	자바리	연어 알
민어	갈치	흑점줄전갱이
도미	광어	눈볼대
참돔	복어	아귀
붉돔	숭어	아귀 간
자리돔	숭어 알	보리멸
옥돔	연어	농어

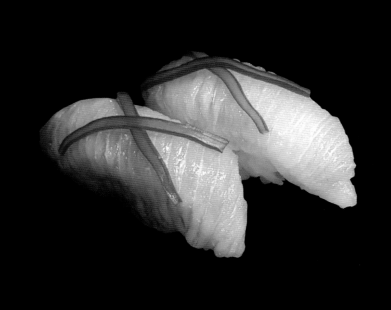

간재미

Raja kenojei

간재미란 생선이 다소 낯설게 느껴지는 분들도 있을 것이다. 국어사전에는 '가자미'의 방언, 혹은 '간자미'의 방언으로 나와 있다. 가자미는 독자 분들이 자주 접하는 생선이며, 간자미는 가오리의 새끼를 뜻한다. 하지만 간재미는 가자미도 아니고 더욱이 가오리의 새끼도 아니다. 간재미는 바로 홍어와 동일한 물고기인데, 우리가 익히 알고 있는 그 유명한 홍어와는 다른 생선

이다.

정리하자면 간재미는 어린 홍어(*Okamjei kenojei*)이며, 우리에게 익숙한 흑산도 홍어는 참홍어(*Raja pulchra*)이다. 가오리, 간재미, 참홍어 세 어종 모두 포유류나 조류처럼 체내 수정을 하는 연골어류이지만, 홍어와 참홍어는 알을 몸 밖으로 배출하는 난생인 반면 가오리는 몸속에서 알을 부화시켜 몸 밖으로 새끼를 배출하는 난태생이다. 이 같은 차이점에도 불구하고 생김새가 무척 비슷한데다, 체내의 요소(尿素) 성분을 오줌을 통해 외부로 방출하는 대신 피부를 통해 한다는 점도 같아 전문가가 아니면 여간 구분하기 힘든 것이 사실이다.

코끝을 자극하는 참홍어의 삭힌 냄새는 죽자마자 체내의 요소 성분이 암모니아로 분해되면서 발효를 일으킨 것으로, 이 맛에 빠진 사람들은 '지옥 같은 향에 천국 같은 맛'이라며 참홍어 예찬론을 펼치곤 한다. 그러나 이에 비해 상대적으로 몸집이 작은 간재미는 삭혀 먹는 참홍어와 달리 주로 신선한 상태로 먹는다. '곱'이라고 불리는 끈적이는 점액질을 막걸리로 씻어내면 단백질이 응고돼서 더욱 고들고들한 간재미 회를 맛볼 수 있다. 갓 잡은 간재미의 살에서는 암모니아 냄새가 나지 않으며, 우리나라에서는 대부분 연골을 다져 날회나 회무침으로 조리해 먹는다.

초밥에 사용할 경우 껍질을 벗겨 손질한 살을 청주와 식초에 씻은 다시마로 단단히 감싸 다시마 향이 배도록 한 후, 다시 키친타월로 한 번 더 감싸 냉장고에 8시간 정도 숙성시킨다. 이때에도 알싸한 암모니아 냄새는 나지 않는다. 활어회와 달리 밥과 조화를 이루어야 하는 초밥의 특성상 날개의 연골에 붙은 숙성된 살만을 숟가락으로 긁어내 한데 모아 밥에 올린다. 그리고 간장에 조린 다시마를 얇게 잘라 얹으면 활어회의 쫄깃한 식감과는 전혀 다른 마치 으깬 감자와 같은 매우 부드러운 식감을 얻을 수 있다. 참홍어와 마찬가지로 암컷이 몸집이 크며 맛이 부드럽고 찰지다.

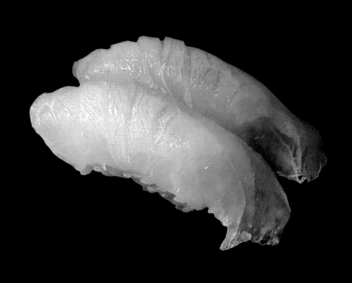

민어

Miichthys miiuy

　요즘에는 복날이 가까워지면
삼계탕을 주로 찾지만, 예전부터
복달임 음식으로 가장 먼저 꼽는 것은 단연 민어탕
이었다. 다음으로 꼽는 것이 도미찜일 만큼 민어는
여름철 대표 보양식이라고 할 수 있다. 비린내가 나
지 않는데다 담백하고 소화가 잘 되며 영양가도 풍
부해 노인이나 어린이는 물론 기력이 쇠한 환자나
임산부에게 민어만 한 몸보신 음식이 없다.

　민어(民魚)라는 이름처럼 '백성의 물고기'답게 남녀

노소 모두로부터 사랑받아 제사상과 혼례상에는 언제나 빠지지 않고 등장하는 귀한 물고기였다. 아마 민어가 운다는 소리를 들어본 사람은 드물 것이다. 7~8월 산란철이 되면 민어는 우리나라 최대의 민어 집산지인 신안의 임자도로 떼를 지어 찾아온다. 깨가 많이 나 임자도(荏子島)라 불린 이곳은, 민어가 좋아하는 새우가 풍부한데다 넓은 갯벌 연안의 모래진흙은 부화한 새끼들이 살아갈 수 있는 최적의 산란 장소이다. 이때 어부들은 속이 뚫린 긴 대나무 봉을 바다 속에 꽂고 귀를 대고 산란을 앞둔 민어들이 부레를 부풀려 짝을 찾는 기이한 울음소리를 듣는다. 흡사 개구리의 울음과 닮은 이 소리는 민어들에게는 구애의 소리이며, 어부들에게는 만선(滿船)의 기쁨이 실린 풍어(豊漁)의 소리이다. 그물이 드리워지고 배가 물살을 바꾸면 물속 40m 내외에서 조용히 서식하던 민어들이 바삐 몸을 움직이다 어부의 생각대로 하나 둘씩 그물에 걸려든다. 감아 올린 그물에는 몸길이 1m, 몸무게 7kg이 넘는 3년 이상 된 민어들이 줄줄이 엮여 있다.

1960년대 초반까지만 해도 임자도의 하우리 해변과 그 앞의 대태이도, 소태이도 두 섬 사이의 백사장에는 음력 4월부터 7월 말까지 거대한 민어 파시(波市)가 열렸었다고 한다. 가히 500척이 넘는 민어잡이 배가 이곳에 몰려들었다니 파시촌의 규모를 상상해볼 수 있을 것이다. 일본의 규슈 사람들이 목포는 몰라도 타리도(대태이도의 일본식 이름)는 알 만큼, 일제강점기 때 이곳에서 잡은 민어를 전량 일본으로 가져갔다고 한다. 타리도에서 잡힌 민어를 '타리민어'라 특화시켜 가장 최상품으로 치는 것도 흑산도 참홍어, 법성포 조기처럼 '민어가 곧 임자도'라는 등식이 지금까지 이어져 내려오고 있기 때문이다. 남도 사람들의 말 중에 '날씨가 차면 홍어, 날씨가 더우면 민어'라는 표현이 있듯, 지금도 여름이 되면 민어를 찾는 손님들로 식당가는 장사진을 이룬다.

나는 세상에서 가장 아름다운 무지개가 바로 민어의 살에 있다고 손님들에게 말하곤 한다. 살에서 발산되는 현란한 빛에 현혹돼 한참 동안 넋이 나간 적도 있을 정도이다. 민어는 다른 생선과는 분명 격이 다른 생선임에 틀림없다. 비늘과 쓸개를 빼고 모든 부위를 먹는 생선이지 않은가. 특히 부레는 민어가 1000량이면 부레가 900량이라는 말이 있듯, 고단백 영양 공급원일 뿐만 아니라 지금도 가구나 자개, 합죽선의 부챗살, 활 등의 공예품을 붙이는 접착제로 쓰이며, 파상풍 치료에도 효험이 있다고 한다. 부레를 먹을 때, 참기름을 넣은 소금장에 찍어 먹으면 고소한 맛 때문에 자꾸만 손이 가는 묘한 마력을 느낄 것이다.

또한 껍질도 일품이라 "민어 껍질에 밥 싸먹다 전답 다 팔았다"는 속담이 있을 정도로 민어 맛에 한번 빠지면 중독성이 강해 헤어나기 어렵다. 갓 잡은 민어는 성질이 급해 파닥이다가 금세 죽어버리기 때문에 하루쯤 냉장 숙성시키면 육질이 한결 부드러워지며, 색깔도 연분홍색으로 바뀌어 시각을 통해 식욕을 자극시킬 수 있다.

참홍어나 참조기와 달리 민어는 알이 꽉 찬 암컷보다 살이 쫀득쫀득한 수컷을 더 귀하게 치는데, 특히 수컷의 뱃살은 민어회 중에서 으뜸으로 꼽는다. 민어는 흰 살 생선이지만 그다지 쫄깃하지 않기 때문에, 초밥으로 만들 때는 24시간 숙성시킨 후 다른 흰 살 생선보다 두툼하게 썰어 밥 위에 얹는다. 명태, 조기, 고등어와 함께 우리나라 수산물을 대표하는 물고기로, 민어 양식이 성공함에 따라 그 이름처럼 백성들의 음식으로 재탄생되기를 기대한다.

鯛 <small>たい</small>

도미

Sparidae

    1930년 일본인 요코야마(橫山將三郞)와 오이카와(及川民次郞) 등에 의해 발굴된 신석기시대의 유적지, 부산 동삼동 조개무지에서 도미의 뼈가 출토된 것을 보면 아득한 선사시대 때부터 우리 조상은 도미를 먹었던 것으로 추정된다. 또한 일본의 가장 오래된 역사책인 『고사기(古事記)』에도 도미의 기록이 남아 있다. 우리나라에 "썩어도 준치"라는 말이 있다면 일본에는 "썩어도 도미"라는 말이 있을 정도로 도미는 수행을 통해 도(道)에 이른 자만이 맛(味)볼 수 있는 최고의 맛, 즉 도미(道味)라고 불릴 만큼 생선 중에서도 그 맛이 최고라 알려져 있다.

사는 곳도 수초가 우거진 바위틈이나 모래바닥을 좋아하고 식성이 좋아 무엇이든 가리지 않고 다 먹는 포식자이긴 하지만 새우, 문어, 낙지 등을 특별히 좋아할 정도로 대단한 미식가여서 고기 맛이 담백하고 기름기도 많이 돈다. 특히 머리 부분이 가장 맛있어서 1924년에 발행된 우리나라 근대 3대 요리책 중 하나인 이용기(李用基)의 『조선무쌍신식요리제법(朝鮮無雙新式料理製法)』에는 "도미 머리와 아욱국은 마누라를 쫓아내고 먹는다"라고 적혀 있다. 조강지처를 내쫓고 먹을 정도라면 가히 며느리가 돌아올 정도로 맛있다는 전어 구이는 한 수 아래가 아닐 것인가. 이 때문에 우리가 자주 사용하는 어두일미(魚頭一味)라는 말도 '도미 머리'에서 유래된 것이 아닌지 나름 짐작해본다. 중국에서는 이름이 없던 도미에게 한(漢)나라 무제(武帝) 때의 태중대부(太中大夫)인 동방삭(東方朔)이 마침 생일을 맞은 무제가 타고 있던 배에 상서로운 물고기가 뛰어오른 것을 보고, 상서로운 날에 귀한 물고기가 다시 한 번 상서로움을 더했다고 하여 가길어(加吉鱼)라고 이름을 지어주었다고 한서(漢書)는 기록하고 있다.

먹이가 많고 수경(水景)이 좋은 우리나라 다도해 주변이나 일본해, 중국해에 걸쳐 서식하는 도미는 생김새와 색깔에 따라 참돔, 붉돔, 감성돔, 자리돔 등으로 구별된다.

真
鯛
まだい

참돔

Pagrus major

아마도 물고기 이름 뒤에 '돔'만큼 많
이 붙는 단어는 드물 것이다. '돔'은
도미의 준말로 보통 등에 가시지
느러미를 가진 농어목에 속한 어
종을 가리킨다. 참돔, 감성돔, 붉돔, 돌돔, 자리돔, 벵
에돔, 옥돔 등이 이에 속하는데, 이 중 돌돔이나 자
리돔, 벵에돔, 옥돔은 '돔' 자가 들어가지만 도밋과에
속하진 않는다. 일반적으로 도미라고 하면 참돔을
가리킨다고 할 수 있다. 우아한 담홍색의 몸 색깔과

푸른 반점, 그리고 아름다운 생김새 덕분에 '바다의 미녀'란 별칭까지 얻고 있는 참돔은, 이름에 참[眞] 자가 붙여질 정도로 돔 중에 으뜸이라 할 수 있다.

우리나라의 다도해를 비롯해 일본, 동중국해, 남중국해, 타이완 등 수온 10~25℃에 수심 30~200m의 연근해 암초 지대나 모래자갈 바닥 근처에 서식하며, 무리를 짓지 않고 단독으로 활동한다. 주로 작은 물고기나 두족류, 갑각류, 조개류 등을 잡아먹는 육식성 물고기로, 이빨이 워낙 강해 딱딱한 껍데기도 쉽게 부술 수 있다.

일본에서는 축복을 가져다주는 물고기로 여겨 결혼식과 같은 경사스러운 날에 꼭 잔칫상에 올리거나, 새해 첫날에도 참돔 모양을 본뜬 빵이나 과자를 먹으며 행운을 빌 정도로 국민적인 사랑을 받고 있다. 단백질이 풍부하고 지방이 적어 비만인 사람에게 적합하며, 특히 근육 강화와 피로 회복에 효과가 있는 크레아틴을 많이 함유하고 있어 젊은이들 사이에서 새로이 각광받는 식재료로 부각되고 있다.

참돔만의 백미는 껍질 바로 밑에 고소한 지방질이 축적되어 있다는 것이다. 이 껍질 부분에만 끓는 물을 살짝 끼얹어 얼음물에 담가 건져낸 다음 [조리한 생선의 껍질 모양이 마치 소나무(松, まつ) 껍질(皮, かわ)이나 서리(霜, しも)의 표면처럼 보인다 하여 마쓰카와즈쿠리(松皮造り, まつかわづくり) 혹은 가와시모즈쿠리(皮霜造り, かわしもづくり)라고 한다] 초밥으로 만들면, 소나무 껍질처럼 보이는 시각적 눈요기에 더해, 찰진 육질까지 제대로 맛볼 수 있다.

제철은 겨울부터 봄으로, 동면이 끝나 벚꽃이 활짝 필 때 잡힌 참돔이 벚꽃도미라고 하여 가장 귀히 꼽는다. 일반적으로 자연산이 양식보다 비싸지만, 5~6월에는 오히려 자연산을 더 저렴하게 먹을 수도 있다. 이 시기에는 자연산 참돔도 광어처럼 양식보다 맛이 떨어지고 많이 잡혀 값이 싼 만큼 굳이 자연산만을 고집할 필요가 없다.

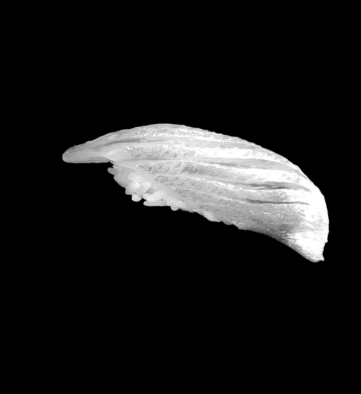

血鯛
ちだい

붉돔

Evynnis japonica

다 자란 붉돔을 참돔의 새끼로 보는 일이 많을 정도로 두 어종은 무척이나 닮아 있다. 담홍색을 띠는 몸 색깔은 물론 몸에 난 푸른 반점까지 매우 흡사하지만, 꼬리지느러미 끝 가장자리에 검은 테두리가 있거나 머리 윗부분에서 입 쪽으로 흐르는 경사각이 완만하다면 영락없이 참돔이다. 다 자란 대형 수컷의 경우는 한눈에 보아도 이마가 더 튀어나온 것을 알 수 있다.

최장 몸길이 120cm 내외인 참돔에 비해 붉돔은 약 40cm로, 아가미덮개 뒤쪽이 피를 흘린 듯 진붉은색을 띤다 하여 일본에서는 지다이(血鯛, ちだい)라고 부른다. 한편 에도마에즈시 세계에서는 10cm 전후의 작은 붉돔이 봄에 피는 화려한 꽃을 연상시킨다 하여 가스고(春日子, かすご)라 부르는데, 때로는 다 자란 붉돔을 가스고라 부르기도 한다.

우리나라 전역과 일본, 동중국해, 남중국해에 이르는 태평양 서부의 온대 해역에 분포되어 있으며, 수심 10~200m의 기복이 심한 암초 지대에 주로 서식하는 저서성 어종이다. 먹잇감은 갑각류나 갯지렁이, 오징어 등이다. 참돔에 비해 맛도 떨어지고 성장 속도도 느려 타산이 맞지 않기 때문에 붉돔 양식업은 암중모색 단계라 할 수 있다. 붉돔의 살코기는 참돔에 비해 수분이 많아 살이 무른데다 감칠맛 또한 떨어져, 언뜻 생각하면 이 점이 붉돔의 치명적 약점으로 간주될 수도 있다.

그러나 초밥의 경우에는 이 약점이 오히려 밥과의

부드러운 조화를 이뤄 장점으로 작용하기도 한다. 수분이 많기 때문에 참돔처럼 가와시모즈쿠리 조리법을 한다든지, 껍질이 부드럽기 때문에 소금에 절였다가 식초에 담근 후, 껍질 쪽에 칼집을 두세 차례 내어 초밥으로 만들면 육질이 되살아나 감칠맛뿐만 아니라 식감 또한 좋아진다. 제철은 늦봄에서 여름이다.

雀鯛
すずめだい

자리돔

Chromis notata

　평생 동안 자기가 태어난 자리
를 떠나지 않는다 하여 자리돔
이라 이름 붙여진 이 물고기는 농어목 자리돔과의
정착성 어종으로 포식자들의 공격을 피하기 위해
늘 무리를 지어 이동한다. 그래서 자리돔은 '붙박이
고기' 혹은 '텃고기'라는 애칭까지 가지고 있다. '돔'
자가 붙은 생선 중 가장 작고 못생긴 자리돔은 제주
도의 대표적 서민 음식으로, 가난했던 시절 지느러
미와 꼬리는 물론 뼈째 잘게 썰어 먹거나 젓갈로 담

가 겨울까지 먹을 정도로 단백질과 칼슘의 주공급원이 되기도 했다. 특히 제주도의 명물 '자리돔젓'은 서민들의 애환이 물씬 배어 있는 향토 음식으로 맛과 향이 으뜸이라 할 수 있다.

아열대성 어종이지만 자리돔과 중에서는 유일하게 우리나라 남해안에서 월동하는 물고기로, 주로 제주도와 남해안 연안의 산호초나 암반 지대에서 서식한다. 특히 물살이 빠른 마라도와 가파도에서 잡은 자리돔은 서귀포 연안에서 잡은 자리돔보다 육질이 단단하고 맛도 담백해 5~7월 강태공들을 나르는 새벽 배들로 포구는 북새통을 이룬다. 이곳의 자리돔은 크기가 커 구이용으로 적합하며, 뼈째 먹는 자리돔의 특성 탓에 뼈와 살코기 모두가 부드러운 서귀포 연안의 자리돔은 횟감용으로 적합하다. 특히 서귀포시 보목마을에서는 매년 여름 자리돔축제를 개최할 정도로 자리돔에 대한 사랑이 남다르다. 10cm 내외의 작은 몸집에 비해 상대적으로 큰 비늘을 지녔으며, 가슴지느러미 기부에는 손톱 크기의 검은 반점이 있다. 또한 살

아 있거나 잡은 지 얼마 되지 않아 신선도를 유지하고 있는 상태라면 등지느러미가 끝나는 바로 아래에 박힌 뚜렷한 흰 반점을 볼 수 있다. 이 흰 점은 시간이 지나면서 점차 흐릿해지다가 죽음과 동시에 사라진다. 참고로 일본에서는 작고 동그란 눈과 몸 색깔이 마치 참새와 닮았다 하여 스즈메다이(雀鯛, すずめだい)라 부르며, 후쿠오카 지역에서는 구웠을 때 오리(鴨, かも) 맛이 난다고 하여 아붓테카모(あぶってかも)라고 한다.

초밥을 만들 때에는 먼저 껍질을 벗겨 포를 뜬 살의 가시를 족집게로 바른 다음 참돔이나 붉돔처럼 더운 물로 껍질만 살짝 데쳐 얼음물에 담갔다 건져 사용한다. 이때 폰즈에 섞은 무즙(오로시폰즈)을 초밥에 얹어 먹으면 새콤한 맛이 입맛을 돋운다. 참고로 폰즈는 등자의 열매즙에 가다랑어포를 우려낸 국물과 간장, 맛술, 청주 등을 섞어 만든 일본의 대표적 소스이다. 등자열매의 종류에 따라 폰즈의 종류도 달라진다.

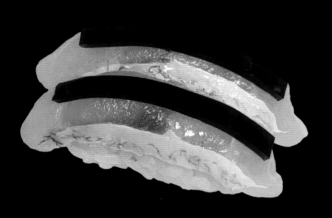

옥돔

Branchiostegus japonicus

옥돔은 우리나라 남해와 제주도 특히 서귀포 남쪽과, 일본 중부 이남, 동중국해, 남중국해 등 수심 30~200m 깊이의 대륙붕 가장자리에 걸쳐 서식하고 있다. 펄이나 모래바닥에 구멍을 파고 그 속에서 생활하며 주로 갯지렁이, 새우, 게 등을 먹고 사는 저서성 어종이다. 몸길이 20~50cm 전후의 옥돔은 농어목 옥돔과에 속하

며, 다른 돔과는 달리 비교적 날씬한 체형으로 머

리 앞부분이 거의 수직에 가까울 정도로 심하게 경사
져 있다. 그 모습이 마치 말 모양과 닮았다 하여 중국
의 광동성과 홍콩에서는 마두어(馬頭魚)로, 또 서양에
서도 '붉은말머리물고기(Red horsehead)'로 불리고 있
다.

이름이 말해주듯 몸 빛깔은 붉은색 광택을 띠며 눈
뒤쪽에 삼각형의 은백색 반점과 가슴지느러미 끝 바로
위와 꼬리지느러미 상단부에 노란색의 띠가 뚜렷이
나 있어, 이 같은 고운 자태 때문에 더욱 귀한 생선으
로 대접받고 있다. 특히 제주도에서는 옥돔이 빠진 잔
치는 아무리 진수성찬이라도 먹을 것이 없는 헛잔치
로 여기거나, 제사상에 옥돔이 오르지 않으면 조상님
이 노한다고 할 정도로 실생활에서 차지하는 비중이
매우 높다고 할 수 있다. 산모의 미역국에도 옥돔을 넣
을 정도로 귀한 생선으로 꼽힌다.

1년 내내 어획이 가능하지만, 겨울이 깊어갈수록 지
방이 오르고 살이 통통해지며 단맛도 혀에 그대로 느
껴져 일본에서는 아카아마다이(赤甘鯛, あかあまだい)라고

불린다. 다른 흰 살 생선보다 수분이 많은 만큼, 초밥
용으로 사용하기 위해서는 먼저 수분을 충분히 제거
하는 것이 중요하다. 먼저 포를 뜬 속살 위에 소금을
살짝 뿌려 수분을 뺀 후 청주로 씻은 다시마에 말아
두었다 밥에 얹으면, 담백하고 쫄깃한 식감과 함께 한
층 살아난 단맛의 풍미를 느낄 수 있다.

옥돔을 구지(ぐじ)라고 부르는 교토와 오사카 등 관서
지방에서는 쥠초밥 대신 그 지방 특유의 초밥 형태인
봉초밥, 구지보우즈시(ぐじ棒寿司)가 유명하다. 식초와 설
탕, 물을 적정 비율로 섞은 양념장에 백다시마를 넣고
함께 졸여 맛을 배게 한 후, 봉초밥 위에 올려 적당한
크기로 썰어 먹으면 백다시마의 단맛과 옥돔의 단맛
이 조화롭게 어우러져 독특한 식감을 자아낸다.

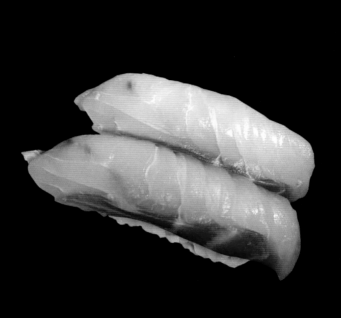

垢
穢

_く
_え

자바리

Epinephelus bruneus

 대부분의 사람들에게 '자바리'라는 생선은 귀에 잘 익지 않은 물고기일 것이다. 사실 '자바리'는 다름 아닌 제주도의 대표적 어종인 '다금바리'의 표준명으로, 흔히 경상도에서 펄농어로 불리는 원래의 표준명 '다금바리'와는 전혀 다른 생선이다. 두 어종 모두 농어목 바릿과에 속하지만, 생김새뿐만 아니라 서식지도 전혀 다르다. 표준명 '다금바리'의 서식지는 온대성 어종인 자바리와 달리 주로 아열대성 기

후를 띤 동남아시아의 수심 100~140m의 암초나 산호초 지대이다. 모래나 갯벌이 많은 우리나라의 해역과는 생태 조건이 잘 맞지 않아 자연히 수확량도 매우 적어 대다수의 사람들이 거의 맛보지 못한 어종이다. 이처럼 단지 다금바리는 이름 때문에, 드물지만 이를 맛본 사람들은 지금도 자신이 제주도의 명물 다금바리를 먹은 것으로 착각하기도 한다.

또한 거문도에서도 다금바리라고 부르는 생선이 있는데, 바로 구문쟁이로 불리는 능성어로 이 또한 이름과 겉모양 때문에 자바리와 자주 혼동을 일으킨다. 능성어 역시 농어목 바릿과에 속한 어종으로 전문가가 아니라면 자바리와 거의 구별이 불가능할 정도로 두 어종은 매우 유사한 특징을 지니고 있다. 능성어가 7개의 진갈색 가로줄무늬가 뚜렷이 나 있다면, 자바리는 6~7개의 불명확한 검은 가로줄무늬가 호피무늬 형태로 불규칙적으로 나 있어 이것으로 구별이 가능하다. 하지만 이 줄무늬 역시 두 어종 모두 자라면서 점차 희미해지기 때문에 성어의 경우 거의 구분이 가지 않는다. 특히 자바리와 능성어는 스트레스를 받거나 처한 환경에 따라 카멜레온처럼 수시로 몸 색깔이 바뀌기 때문에 여간해선 줄무늬로 구별하기가 쉽지 않다.

이를 이용해 한때 식당에서는 가격이 1/3 정도밖에 안 되는 능성어를 자바리로 팔아 큰 이득을 보기도 한 적이 있지만, 수산물이력제가 시행됨에 따라 이 같은 상술도 자연 사라진 상태이다.

비록 능성어와 자바리의 구별이 쉽지는 않지만, 두 생선을 구별하는 방법이 아예 없는 것은 아니다. 능성어는 자바리와 달리 꼬리지느러미 끝부분에 흰색 테두리가 있으며, 회를 떴을 때 흰 살에 밝은 붉은빛이 도는 반면 자바리는 탁한 흰빛을 띤다. 또한 혈합육에 있어서도 큰 차이를 보이는데, 능성어는 혈합육이 선명한 선홍빛이 도는 반면 자바리는 붉은빛이 거의 보이지 않는다.

자바리나 능성어는 모두 놀래기처럼 암컷에서 수컷으로 성전환을 겪는 어종이다. 이 물고기들은 난소와 정소 모두를 가지고 태어나지만, 자라면서 난소가 먼저 성숙해 암컷의 성징을 띠다 성어가 되면 난소가 퇴화되고 수컷의 성징을 나타내게 된다. 이를 자성선숙(雌性先熟)이라고 하며, 멍게류도 이에 해당한다. 따라서 대형의 자바리는 모두 수컷으로 보면 된다. 한편 감성돔은 이와 반대로 정소가 먼저 성숙해 수컷에서 암컷으로 성전환을 겪는 웅성선숙(雄性先熟) 어종이다.

자바리는 버릴 것이 하나도 없는 생선으로, 껍질은 데쳐서 냉장고에 넣어두었다 썰어서 먹고, 내장과 간은 삶아서 수육처럼 따뜻할 때 참기름과 소금에 찍어 먹으며, 뼈와 머리는 매운탕으로 먹는데 국물이 여느 생선탕과는 달리 비린내도 없고 사골 국물처럼 뽀얗고 진한 것이 특징이다. 특히 자바리의 볼살을 먹어본 사람은 그 맛을 절대 잊지 못한다고 한다. 자바리는 쫄깃함이 강해 냉장고에 12시간 이상 숙성시킨 후 초밥을 만들어야 표면에 무지갯빛이 나면서 감칠맛이 더욱 강해진다. 이때 끓는 물에 살짝 데쳐 얼음물에 식힌 껍질을 물기를 제거해 적당한 크기로 잘라 초밥 위

에 얹으면 살과 껍질이 만들어내는 묘한 식감을 느낄
수 있다.

어획량이 워낙 적어 고가일 수밖에 없는 자연산 자
바리를 대체하기 위해 양식산도 출하 중이지만, 환경
에 민감한데다 늦은 성장 속도 때문에 양식이나 치어
방류는 아직 걸음마 단계라고 할 수 있다. 양식산 자
바리와 자연산 자바리는 회를 쳤을 때 맛과 빛깔이 거
의 구별이 가지 않을 정도로 매우 유사하다. 때문에
내장을 갈라 배 속 먹이 상태를 보아야 그 구별이 가
능하며, 물고기의 뼈나 살점 등의 잔여물이 남아 있다
면 자연산이다. 제철은 지방이 쌓이는 겨울부터 산란
기 직전인 늦여름이다.

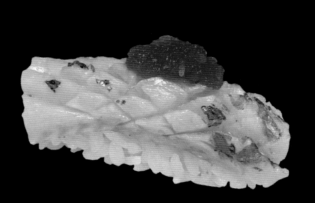

갈치

Trichiurus lepturus

太刀魚

タチウオ

한국해양수산개발원(KMI)이 만 19세 이상 전국 성인 남녀 1000명을 대상으로 실시한 '2019 해양수산 국민인식조사' 결과, 우리 국민이 가장 좋아하는 수산물은 '고등어' 12.3%, '오징어' 11.3%, '갈치' 9.9% 순으로, 갈치는 모든 수산물 중에서 당당히 3위를 차지할 정도로 국민의 사랑을 받고 있는 생선이다. 예부터 갈치, 준치, 삼치, 꽁치, 학공치 등 '치' 자 붙은 토종 물고기가 맛이 좋다는 말이 있는데, 과연 빈말은 아닌 셈이다. 갈치는 농어목 경골어류 갈칫과의 바닷물고기로, 지방질이 풍부해 씹을수록 고소한 맛이 입안 가득 퍼져 남녀노소 누구나 선호하는 생선이다. 전 세계의 열대지역은 물론 아열대, 온대지역에 걸쳐 두루 분포한다. 연안 지역 수심 400m 정도의 진흙 바닥 가까이에서 무리를 지어 생활하지만, 가끔 하구(河口) 등 강과 바다가 만나는 기수역(汽水域)까지 올라오기도 한다.

생김새가 칼날과 같이 생겼다 하여 도어(刀魚), 혹은 칼치라고도 하는데 동서양을 불문하고 갈치는 칼과 연관 지어 불리고 있다. 중국에서는 린다오위(鱗刀魚), 일본에서는 다치우오(太刀魚), 프랑스에서는 사브르(Sabre), 영미권에서는 커트래스피시(Cutlassfish), 독일에서는 디겐피시(Degenfisch), 스페인에서는 에스파딘(Espadin)처럼 각종 칼의 이름이 곧 갈치를 의미한다. 황해도, 강원도 이북 지역에서는 지금도 '칼치'라고 부른다.

이처럼 갈치의 원말이 '칼'에서 나왔다면 흥미롭게도

갈치의 새끼는 '풀잎'과 닮았다 하여 '풀치'라는 이름으로 불린다. 풀이 자라 칼이 된 것이 무척 아이러니하지만, 힘없던 젖먹이 아기가 무럭무럭 자라 어느새 세상의 주인공이 되어 굳건한 성인으로 우뚝 서는 인간의 모습을 연상케 해 우리말의 아름다움에 취해보기도 한다. 내장을 제거한 풀치를 한동안 말렸다가 무를 넣고 조려 먹으면 그 맛이 일품이며, 짭짤하게 젓갈을 담갔다가 봄여름에 풋고추를 썰어 식초와 함께 버무려 먹으면 이 또한 입맛을 돋우는 별미이다.

낚싯줄에 걸려오는 갈치들 중에는 꼬리가 잘린 갈치를 쉽게 볼 수 있는데, 이는 군집 생활을 하는 동종의 갈치들이 송곳처럼 날카로운 이빨로 서로의 꼬리를 잘라 먹는 경우가 많기 때문이다. 이처럼 갈치는 식탐이 강해 눈에 보이는 먹잇감은 닥치는 대로 잡아먹는 잡식성 어종으로 알려져 있다. 하지만 일본의 어부들 사이에서는 갈치가 자신의 이빨을 보호하기 위해 딱딱한 껍데기를 가진 조개류나 갑각류는 절대 먹지 않는 것으로 알려져 있다.

다 자란 성어와 어린 유어(幼魚)는 행동 습성에서도 큰 차이를 보인다. 성어는 밤에 주로 깊은 곳에 머물다가 낮에 먹이 활동을 하는 반면 유어는 낮에 무리를 지어 바닥으로부터 100m 근처에 머물다가 밤이 되면 수면으로 올라와 먹잇감을 얻는다. 그러나 뭐니 뭐니 해도 갈치가 떼를 지어 수직으로 물 위로 오르는 모습은 마치 은빛 섬광을 뿜어내는 불놀이처럼 그야말로 아름답고 장엄하고 신비스럽기까지 하다. 몸을 꼿꼿이 세워 천천히 물 위를 향해 오를 때, 비늘이 없는 매끄러운 피부 표면은 칼집에 숨어 있다 모습을 드러낸 예리한 칼날처럼 물살을 베고 수면을 향해 오르고 또 오른다.

갈치가 은빛을 발산하는 것은 바로 몸 전체를 덮고 있는 구아닌(guanine)이라는 유기 색소 때문으로, 살아 있을 때는 푸른빛을 띠는 은색이지만, 죽게 되면 회색빛이 도는 은색으로 바뀌게 된다. 이 구아닌으로부터 채취한 은분(銀粉)은 인조 진주나 매니큐어, 혹은 립스틱의 광택용 원료와 필통이나 책받침 등의 문구류에 사용된다. 선도가 좋을 때는 구아닌 성분이 부패를 방지하는 효과가 있어 비린내가 나지 않지만 선도가 떨어지면 공기 중의 산소와 결합해 오히려 부패를 촉진시키는 역할을 한다.

따라서 가급적 빨리 호박잎사귀로 몸 전체에 붙어 있는 구아닌을 제거해야 한다. 구아닌은 소화 흡수가 잘 되지 않을 뿐더러 배탈이나 두드러기 등을 일으킬 수 있으므로, 비린내가 약간이라도 풍긴다면 가급적 활어 대신 구이나 조림으로 먹는 것을 권한다. 바닷물에 얼음을 띄워 선도를 유지시키는 운송법이 발달하기 전에는 바다에서 건지자마자 즉석에서 내장만 제거해 껍질째 잘라 먹는 땀 흘린 어부들만이 누릴 수 있는 특권일 정도로, 싱싱한 활어나 선어가 아니면 갈치는 절대 날회나 초밥에 사용하지 않는다.

또한 흔히 생선 파는 분들도 혼동하는 것 중에 하나가 갈치의 몸 색깔로 먹갈치와 은갈치를 구별하는 것이다. 사실 먹갈치는 그물로 건지고, 은갈치는 주낙(얼레에 감은 낚싯줄에 낚시를 여러 개 달아 하는 낚싯법)으로 건지는 조업 방식의 차이만 있을 뿐, 두 종 모두 같은 어종이다. 아무래도 그물로 대량으로 건질 경우 자연히 몸에 상처가 나거나 피부가 벗겨져 먹갈치는 몸 색깔이 먹처럼 검회색으로 변하게 되는 것이며, 은갈치는 낚싯바늘로 한 마리씩 건져내기 때문에 상처가 나지 않아 자연 그대로의 은빛을 띠게 되는 것이다.

먹갈치는 주로 목포 등 남해산이 많으며, 은갈치는 거의 다 제주산이다. 다만 '산갈치'는 이들과 다른 종으로 몸집도 크고 아름다워 귀한 영물(靈物)로 꼽히는데, 잡으면 재앙이 따른다고 하여 잡자마자 놓아준다고 한다.

초밥으로 만들 때에는 은색의 구아닌을 먼저 칼로 긁어 제거한 후 포를 뜬 다음, 비스듬히 마름모 형태로 칼집을 넣어 잘라 발갛게 달군 석쇠에 껍질 쪽을 약 2초가량 아주 살짝 구워 밥 위에 올려놓는다. 그 위에 오로시폰즈를 올리면 부드럽고 고소하면서도 단맛 나는 갈치 초밥이 완성된다. 이처럼 칼집을 넣는 이유는 살이 질겨지는 것을 방지하기 위함이다. 다른 흰 살 생선에 비해 지방 함량이 높은 편이지만, 불포화지방산이기 때문에 심혈관 질환자도 걱정 없이 즐길 수 있는 고단백 식품이다. 제철은 7월부터 11월이다.

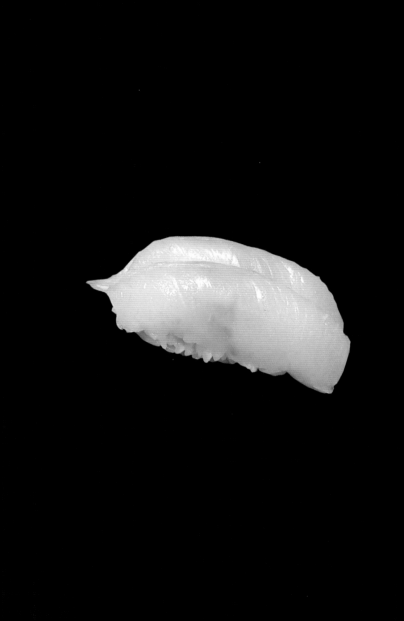

平目
ひらめ

광어

Paralichthys olivaceus

넙치라는 말로도 우리에게 익숙한 광어(廣魚)는 참돔과 더불어 흰 살 생선을 대표하는 물고기라고 할 수 있다. 속살이 매우 희고 맛이 담백한데다 기름기가 적어 쫄깃한 식감 때문에 우리나라 사람들이 가장 많이 찾는 생선 중 하나이기 때문이다. 생김새가 비슷한 광어와 도다리를 구별 짓기 위한 '좌광우도'라는 말은 광어의 눈은 왼쪽에 붙어 있고 도다리는 오른쪽에 붙어 있다는 뜻이다. 중국에서는 이 같은 물고기를 비목어(比目魚)로 분류한다. 어류학자인 정문기 박사에 따르면, 늘 바닥면에 접하고 있어 빛을 받지 못하던 눈이 빛이 비치는 쪽으로 옮겨간 것으로 그 이유를 설명하고 있다.

광어라는 생선을 떠올리다 보면 절로 웃음이 지어지는 사건이 하나 있다. 1996년 9월, 북한의 특수부대원들이 탄 잠수함이 강릉에서 좌초된 사건으로, 이때 유일하게 생포된 사람의 입에서 '광어회가 먹고 싶다'라는 말이 튀어나온 것이다. 뜬금없는 이 말에 혹시 남한에 침투한 간첩과의 교신 암호가 아닐까 조사했지만, 결국 심문에 협조하지 않기 위한 구실이었음이 밝혀졌다. 남한 인민들은 못살기 때문에 당연히 값비싼 광어회는 줄 수 없을 거라는 의도로, 취조에 응하지 않기 위한 나름의 명분 축적용이었던 셈이다. 그러나 뜻밖에도 광어회가 눈앞에 등장하자, 이후 심경의 변화를 일으켜 순순히 수사에 협조했다는 후문이다. 당시 제공된 광어는 값싼 양식산이었다.

광어의 경우 철에 상관없이 유독 자연산만을 고집하

는 사람들이 많은데, 3~8월 사이에는 양식산 광어를 추천한다. 왜냐하면 이 시기가 산란 직전과 직후에 해당하기 때문에, 살의 탄력이 떨어지는 자연산보다 안정적 영양을 공급받은 양식산이 맛과 식감에서 더 우수하기 때문이다.

초밥의 경우, 포를 떠서 크기에 따라 6~12시간 정도 숙성시킨 다음 만들기도 하지만, 청주를 적신 물수건으로 닦은 다시마로 광어를 싸두었다가 숙성시켜 사용하면 살도 찰지고 다시마의 독특한 향도 함께 음미할 수 있다. 광어의 모든 부위 중에서 가장 별미로 여겨지는 것은 지느러미살로, 육질의 탄력이 좋아 식감이 매우 좋을 뿐만 아니라 지방 함유량이 높아 맛도 고소하다. 또한 광어의 알은 익으면 빨갛고, 특히 게알과 색깔이나 맛이 비슷해 일부 미식가를 제외하고는 게 알로 착각하기도 한다. 자연산 광어의 제철은 늦가을에서 겨울이다. 참돔과 마찬가지로 5~6월 사이의 자연산 광어는 양식산보다 값이 싸다.

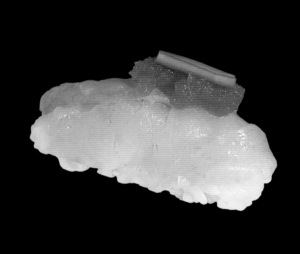

河豚
ふぐ

복어
Tetraodontidae

아마 복어처럼 만화 캐릭
터에 잘 어울리는 물고기도
없을 것이다. 특히 가시 도친 뽈록한
배에 눈을 감는 모습을 보면 귀엽기도 하고 신기하
기도 해서 저절로 웃음이 지어진다. 눈을 감는다는
말에 '눈꺼풀이 없는 물고기가 어떻게 눈을 감지?',
'물고기는 눈꺼풀이 없어서 잘 때도 눈을 뜨는데 참
이상하네?' 하며 의아해하는 분들이 많을 것이다.
그러나 복어는 눈가 주변에 윤상근(輪狀筋)이라는 특

이한 근육이 있어 눈꺼풀을 대신해 눈을 감을 수 있다. 좀 더 정확히 말하자면 괄약근처럼 눈 주변의 근육을 조여 눈을 속으로 감춰버린다는 표현이 맞을 것이다. 즉 복어는 윤상근의 수축과 이완을 통해 눈이 보였다 안 보였다 하는 것으로, 사람처럼 눈꺼풀을 이용해 눈을 여닫는 것과는 근본적으로 다르다고 할 수 있다.

이처럼 귀여운 생김새와는 달리 우리가 알고 있듯 복어는 무서운 맹독인 테트로도톡신(tetrodotoxin)을 품고 있어, 일본에서는 식중독으로 인한 한 해 사망 건수 중 버섯과 복어가 1, 2위를 차지한다고 한다. '적벽부(赤壁賦)'란 시로 우리에게 잘 알려진 중국 북송 때의 시인 소동파(蘇東坡)는 복어의 맛을 평하면서 한마디로 "也値得一死(야치득일사)!"라고 외쳤다고 한다. "죽더라도 먹을 만한 가치가 있다!"는 뜻이다. 목숨과 바꿀 정도의 찬사라면 맛에 관한 한 이 이상의 찬사가 없을 것이다. 여기서 소동파가 말한 복어는 산란을 위해 하천이나 강 하류에 서식하는 황복(黃鰒)으로, 때문에 중국에서는 복어를 '강에 사는 돼지'라 하여 '하돈(河豚)'이라 불렀다. 돼지 돈(豚) 자가 붙은 이유는 배를 부풀렸을 때 그 모양새가 돼지와 같기도 하지만, 이빨을 가는 듯한 소리가 마치 돼지 울음소리와 닮았기 때문이다.

복어의 이빨은 위에 2개 아래 2개 모두 4개로, 부리 모양의 넓적한 이빨은 두꺼운 요리용 칼끝을 절단할 정도로 강력하다. 복어의 학명 *Tetraodontidae*의 어원 역시 그리스어 숫자 4를 의미하는 tetra와, 이빨을 의미하는 odus가 합쳐진 말로, 그만큼 복어의 이빨은 복어를 상징한다고 할 수 있다. 테트로도톡신이란 독성의 명칭 역시 복어에서 유래될 만큼 인류는 오래전부터 복어가 맹독을 품은 것을 인지하고 있었음을 알 수 있다. 복어의 독은 주로 난소나 간, 장, 혈액 등에 있고 껍질이나 살, 이리에는 없는 것으로 알려져 있지만, 검복이나 황복, 졸복처럼 껍질에도 강한 독이 있는 경우가 있기 때문에 부위에 따른 독의 유무를 미리 예단하는 것은 가급적 삼가는 것이 좋다.

복엇과로 분류되는 어종은 약 120여 종으로, 이 중

자주복(도라후구, 虎河豚), 검복(마후구, 真河豚), 황복(메후구, メフグ) 등이 유명하다. 흔히 우리가 참복이라 알고 있는 복어는 실은 자주복과 검자주복(가라스, カラス)으로, 둘은 몸 색깔과 무늬가 전혀 달라 쉽게 구분이 가능하다. 그러나 맛에 관한 한 자주복이 단연 독보적이어서 일본에서도 가장 비싸게 거래된다.

복어에서 살 다음으로 인기 있는 부위는 이리이다. 흔히 곤이라고 부르는 이 부위는 실은 수컷의 정소(精巢)로, 특히 산란철에는 영양도 풍부하고 맛도 고소해 미식가들은 살보다 오히려 이리를 먹기 위해 복어를 찾기도 한다. 일본에서도 복어의 이리를 백색의 다이아몬드라 부를 정도로 귀하게 여기며, 중국 역시 고대 4대 절세미인 중 하나인 서시(西施)에 비유해 복어 이리를 '서시유(西施乳)', 즉 '서시의 젖'이라 극찬할 정도라 하니 동아시아 3국의 이리에 대한 사랑은 각별하다고 할 수 있다. 다행히 우리가 주로 먹는 자주복, 검자주복, 까치복 등의 이리에는 독이 없지만 졸복, 복섬, 흰점복, 삼채복의 이리는 절대로 먹으면 안 된다. 겨울철에 참복의 이리를 구워 가는 채에 내려 컵에 넣은 다음, 뜨겁게 데운 청주를 붓고 잘 저어 섞어 마시면 진한 고소함이 온몸에 퍼져 보신(補腎)이 되는 기분을 느낄 수 있다.

복어를 초밥으로 만들 때는 발라낸 생선살을 키친타월에 말아 비닐봉지에 넣어 밀봉한 후 얼음 속에 넣어 3~4일 동안 숙성시키는데, 횟감보다 더 오래 숙성시키는 것이 관건이다. 숙성을 덜 하거나 너무 두껍게 썰면 다른 생선보다 살이 질기기 때문에 밥과의 조화를 해치게 된다. 가급적 투명할 정도로 얇게 썰어 여러 장을 겹쳐 밥 위에 올린 후, 오로시폰즈를 얹어 먹으면 복어의 담백한 식감을 제대로 느낄 수 있다. 제철은 겨울이다.

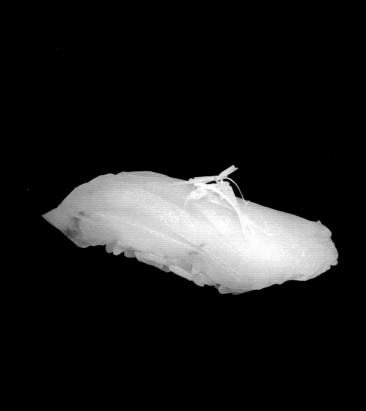

鯔 ぼら

숭어
Mugil cephalus

한 자 길이 은빛 숭어 자태가 그리 고우니
과연 동하(東河)는 물의 고장이네
숭어 뛰어오르니 곧 여름비 지나가고
살 오르는 가을 햇살 가까워 오네
서시(西施)의 그물로 건져
개상(介象)의 생강으로 간했다 하니
오선(吳船)을 타고 술을 사와
주방 아낙에게 그 풍미를 맡기려네

이 한시는 중국 청(淸)나라 때의 시인인 여악(厲鶚)이 지은 『번사산방집(樊榭山房集)』에 실려 있는 것으로, 제목은 '숭어를 먹다(食鯔鱼)'이다.

아마도 숭어만큼 우리 생활 속에 깊숙이 녹아 지역마다 다른 수많은 방언과 속담의 주인공으로 등장하는 물고기는 드물 것이다. 우리나라에서는 100여 개, 일본에서는 성장함에 따라 다른 이름이 붙여지는 출세어인 까닭에 더 많은 이름을 가지고 있다.

숭어는 숭엇과의 물고기로, 높을 '숭(崇)' 자를 쓸 정도로 생김새에서부터 기품이 풍겨져 나오며, '수어(秀魚)'라는 또 다른 이름에서 알 수 있듯이 빼어난 몸매를 지니고 있다. 특히 위에 언급한 한시처럼 무리를 지어 몸길이의 2~3배까지 수면 밖으로 뛰어오를 때면 마치 한 폭의 군무(群舞)가 연상되어 오래도록 그 아름다움에 취하게 된다. 게다가 "숭어 껍질에 밥 싸먹다가 논 판다", "겨울 숭어 앉았다 나간 자리 펄만 훔쳐 먹어도 달다"는 속담이 말해주듯, 숭어는 맛이 좋아 예로부터 임금님께 바치는 진상품 중 하나였다. 중국 오

(吳)나라의 황제인 손권(孫權)이 맛에 관한 한 신선으로 불리던 개상(介象)에게 "가장 맛있는 회가 무엇이냐?"고 묻자 '숭어가 제일'이라고 할 정도로 숭어는 중국인들에게도 최고의 식재료로 사랑받고 있다. 과거 남북 적십자 대표단이 평양에 가면 늘 숭어회를 대접받았다고 하니, 숭어는 남북 모두에서 사랑받는 물고기임이 분명하다.

다만 진흙에 머리를 박고 먹이를 취하는 습성 탓에 간혹 비릿한 펄 냄새가 날 수 있으므로, 가급적 빨리 내장을 제거한 후 흐르는 물에 씻어 얼음물에 잠시 담갔다 건져 10시간 정도 숙성시켜 초밥에 사용한다. 초밥을 만들 때 나는 한시에 적힌 오나라의 방식에 따라 생강을 가늘게 채 썰거나 갈아 하얀 살점 위에 사뿐히 올린다. 숭어 본연의 식감을 해치지 않는 적당한 양의 생강, 이것이 시공을 초월해 옛 선인이 한 편의 시를 통해 내게 은밀히 건네준 비법(秘法) 중의 비법인 것이다.

숭어 알 唐墨 からすみ

  숭어는 살 이외에 여러 부위를 식재료로 이용한다. 소위 배꼽이라 불리는 유문(幽門)도 이 중 하나로, 유문은 배꼽이 아니라 실은 위(胃)의 끝 부분으로 외견상 주판알처럼 둥근 것이 튀어나와 있어 일본에서는 주판알(そろばん珠)이라고 부르기도 한다. 먹이와 함께 입으로 흡입한 진흙이나 모래 속 유기물만을 걸러 나머지를 체외로 배출하는 기능을 담당하는 유문은, 속에 있는 진흙을 깨끗이 씻어내 꼬치에 끼워 소금과 후추를 뿌려 구워낸 후 레몬즙을 뿌리면 그 특이한 맛에 절로 감탄이 나온다.

  또한 숭어 껍질도 빼놓을 수 없는 식재료로, 껍질에는 콜라겐과 엘라스틴이 다량 함유되어 있어 피부 미용이나 노화 방지에 큰 효험이 있다. 껍질을 살짝 데쳐 찬물에 씻어 물기를 뺀 후 냉장고에 넣어두었다가 조금씩 썰어 미나리와 함께 먹으면 껍질에 붙어 있는 지방층이 녹아내리면서 쫀득한 식감이 되살아나 미나리의 향긋한 향과 더해 새로운 식감을 경험할 수 있다.

그러나 뭐니 뭐니 해도 숭어는 알이 으뜸이다. 옛 기록을 살펴보면, 그리스나 이집트를 효시로 알제리, 이탈리아, 터키, 포르투갈, 튀니지 등 지중해 연안 국가들을 비롯해 중국, 대만, 일본 등지에서 이미 오래전부터 숭어나 참치의 알을 소금에 절여 말려 먹었으며, 우리나라에서도 『세조실록』에 '건어란(乾魚卵)'이 등장하고 있는 것을 보면, 숭어 알은 염장이나 건조라는 방식을 통해 음식을 장기간 보관할 수 있음을 발견한 인류 지혜의 대표적 소산물이라 하겠다. 중국 명나라 때 일본으로 전래되어 천하 3대 진미로 꼽히게 된 숭어 알은, 그 모양이 마치 당나라의 먹과 닮았다고 하여 가라스미(唐墨, からすみ)로 부르는데, 실제로 그 당시 일본에 전해진 생선의 알은 숭어 알이 아니라 고등어 알이었다고 한다.

초밥으로 만들 때는 얇게 썬 숭어 알과 엇비슷한 크기와 모양으로 무를 썬 뒤, 2~3개의 숭어 알을 무와 번갈아 1개씩 놓고 밥 위에 얹어 먹으면, 알의 짭짤한

맛이 무의 달고 아린 맛과 어울려 입안 가득 독특한
풍미를 자아낸다. 참고로 이탈리아에서는 숭어 알을
보타르가(Bottarga)라고 하며, 갈아서 파스타, 피자 등
에 뿌려서 먹거나 얇게 썰어 올리브유와 레몬즙을 곁
들여 빵과 함께 먹는다.

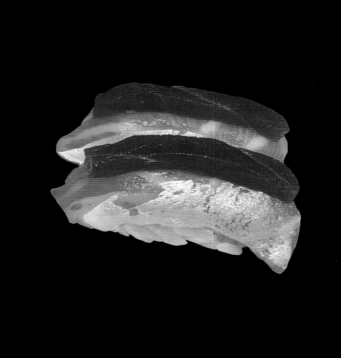

연어

Salmonidae

강원도 화천에서는 매년 겨울 산천어축제를 연다. 2011년 미국의 CNN 방송에서 세계 7대 불가사의 한 겨울철 대표 축제로 소개하며 화제가 된 적도 있다. 산천어는 '계곡의 여왕'이라는 애칭과 함께 국가 천연기념물로 지정돼 있다. 그러나 정작 산천어가 송어와 같은 종이라는 사실을 아는 사람은 별로 많지 않다. 즉 강이나 하천에서 부화한 송어의 치어들이 바다로 돌아가지 못하고 그 자리에 남아 있는 물

고기가 바로 산천어로, 이 같은 물고기를 전문용어로는 육봉형(陸封型) 어종이라고 부른다.

이 산천어와 송어 모두 연어과에 속해 있으며, 산천어가 가장 작고 연어가 가장 크다는 차이를 제외하고는 생김새, 특히 3종 모두 등에 작은 '기름지느러미'를 지니고 있다는 점에서도 매우 상관이 깊은 어류라고 할 수 있다. 기름지느러미란 등지느러미 뒤쪽의 지방으로만 이뤄진 지느러미로 빙어, 은어와 같은 바다빙엇과나 열목어, 산천어, 송어, 연어 등과 같은 연어과의 냉수성 어류에서 볼 수 있는 생태적 특성이다. 이같은 이유 때문에 흔히 바다송어를 시마연어라고 하기도 하고, 산천어를 민물송어라고도 불러 송어와 연어 그리고 산천어와 송어의 구별이 애매한 것이 사실이다.

태평양에 서식하는 6종의 연어 중 우리나라를 찾는 연어는 백연어(Chum salmon, 첨연어)와 시마연어(Cherry salmon) 두 종류로, 이 중에서도 연어라 함은 백연어를 가리킨다. 흔히 식당에서 접하는 훈제 연어는 대부분 노르웨이와 칠레산 대서양 양식 연어이며, 생연어는 대부분 노르웨이산 대서양 양식 연어이다. 대표적인 고단백 저칼로리 식품으로 알려진 연어는 불포화지방산이 많이 들어 있어 몸에 좋은 '슈퍼푸드'로 알려져 있지만, 이는 자연산 연어에 국한되며 양식산 연어는 사료의 영향 때문에 포화지방산이 많아 이에 대한 주의가 필요하다.

초밥의 경우 포를 뜬 살 쪽에 천일염을 골고루 뿌린 다음 30분 정도 간이 배게 한다. 이후 청주와 물이 반반씩 섞인 물에 소금기를 한 번 씻어낸 후 물기를 제거해 밥에 올린다. 그 위에 간장에 절인 참치의 아카미를 함께 얹어 먹으면 연어의 느끼함을 어느 정도 줄여주면서도 아카미의 담백함과 잘 어우러져 색다른 맛을 느낄 수 있다. 참고로 홋카이도의 명물 각시송어(히메마스, ひめます) 역시 홍연어가 바다로 돌아가지 못하고 호수에 남은 민물고기로, 산란기에 몸 색깔이 붉은색으로 변하는 것이 특징이다.

연어 알 イクラ

초밥으로 사용하는 연어 알은 대부분 산지에서 가공된 백연어의 것이다. 바다에서 성장한 뒤 태어난 하천으로 다시 이동한 연어는 개체마다 차이가 있지만 한 번에 약 500~2000개 정도의 알을 방출하는데, 3~4번에 걸쳐 위치를 바꿔가며 체내에 있는 모든 알을 산란한다. 산란을 마친 암컷과 수컷은 그 자리에서 모두 죽음을 맞이한다. 산란철은 보통 9~11월경으로, 이 시기의 알들은 막이 얇아 입안에서 부드럽게 녹는 식감을 느낄 수 있다.

한 입 크기의 김이나 계란 노른자 부침을 두른 밥 위에 연어 알을 올려 먹거나, 얇게 채를 썬 오이를 김 위에 얹은 다음 김을 말아 먹으면 연어 알의 맛과 오이 맛이 함께 어우러져 환상의 맛을 자아낸다. 참고로 연어 알의 일본말 이쿠라(イクラ)의 어원은 러시아어로, 생선의 알 즉 어란(魚卵)을 뜻하며, 연어 알의 저장법은 물론 조리법 역시 러시아로부터 유입되었다.

縞鰺
しまあじ

흑점줄전갱이

Pseudocaranx dentex

　흑점줄전갱이는 등 푸른 생선인 전갱이와 달리 흰 살 생선임에도 등 푸른 생선의 맛을 함께 지니고 있어, 미식가들 사이에서는 최고급 어종으로 꼽힌다. 최대 몸길이 122cm의 기록이 있지만, 대략 70cm 내외의 몸길이를 지닌 대형 전갱잇과로 긴 타원형 몸매에 전체적으로 청록색 몸 빛깔을 띠며, 매우 작은 빗비늘이 몸 전체를 빽빽하게 덮고 있다. 그러나 전갱이의 대표적 특징 중 하나인 모비늘[稜鱗]은 덜 발달된

편이다.

이름에서 알 수 있듯이 몸통의 측면 중앙에 노란색 줄무늬가 있으며, 가슴지느러미의 바로 윗부분에 위치한 아가미덮개의 중앙 부위에 뚜렷이 검은 반점이 하나 있다. 줄무늬는 나이가 들거나 선도가 떨어지면 차츰 희미해지는데, 이는 돌돔의 어린 수컷처럼 7개의 뚜렷했던 흑색 가로줄무늬가 성장함에 따라 점차 불분명해지는 경우와 같다고 할 수 있다. 암컷 돌돔은 나이가 들어도 가로줄무늬가 그대로 있기 때문에 만약 다 자란 돌돔이 가로줄무늬가 없다면 수컷으로 보면 된다.

이 같은 몸의 특징 때문에 일본에서도 줄무늬전갱이라 하여 시마아지(縞鰺, しまあじ)라고 부르며, 일본 시즈오카현(靜岡県)의 어느 항구에서는 신변의 위험을 느끼거나 구애할 때 '규우규우' 소리를 내며 운다고 하여 '규우규우'라고 부르기도 한다. 동태평양과 적도 부근의 열대 해역을 제외한 태평양 전역과 대서양, 인도양 등의 아열대·온대 해역 연안의 수심 80~200m의 대륙붕에 서식하며, 무리를 지어 주로 정어리의 치어와 오징

어, 새우, 플랑크톤 등을 먹고 산다. 하지만 워낙 식성이 좋아 모래 속에 주둥이를 파묻고 숨어 있는 작은 생물들까지 빨아먹을 정도로 포식자로 알려져 있다.

초밥으로 주로 사용하는 전갱이류는 대개 흑점줄전갱이, 잿방어, 방어, 전갱이 등이 있는데, 이 중에 가장 값나가는 생선이 바로 흑점줄전갱이다. 살 자체가 같은 흰 살 생선인 광어나 도미와는 전혀 다른 식감을 가지고 있으며, 특히 천연산은 양식산과는 비교가 안 될 정도로 육질이 단단하고 달고 뒷맛이 강하고 고소하다. 하지만 어획량이 급감해 천연산을 만나기란 여간 힘든 일이 아니다.

흑점줄전갱이는 살이 단단한 편이라 초밥으로 만들 때에는 반드시 8시간 정도의 숙성 과정을 거쳐야 한다. 그래야 초밥의 모양이 예쁠 뿐만 아니라 고소함과 감칠맛도 제대로 느낄 수 있다. 제철은 여름부터 가을로, 2kg 전후의 것을 최고의 상품으로 꼽는다.

あ か む つ

눈볼대

Doederleinia berycoides

특유의 부드럽고 기름진 맛이 마치 참조기와 비슷하다고 하여 붉조기로 알려진 눈볼대는 우리나라는 물론 일본에서도 사랑을 받는 아주 귀한 생선이다. 몸길이 30cm의 붉은 몸빛을 띤 눈볼대는 우리에게 그리 잘 알려져 있지 않은 물고기로 눈이 하도 커서 지역에 따라 눈퉁이, 눈뻘따구, 금태 혹은 일본 이름 그대로 아카무쓰(あかむつ),
노도구로(のどぐろ)로 불린다.

그러나 금태라는 이름으로 인

해 전혀 다른 생선인 노랑촉수, 즉 긴타로(金太, きんたろう)와 혼동을 일으키는 경우가 있는데, 이는 눈볼대를 몸 색깔과 생김새가 비슷한 긴타로로 착각해 한자 이름의 음독인 '금태'로 부르게 된 것이 아닌지 나름 추정해본다. '긴타로' 역시 노랑촉수를 뜻하는 일본말 히메지(ヒメジ)의 방언이다. 우리나라 남부 근해 특히 부산, 거제, 사천과 제주도, 일본 홋카이도 이남, 동중국해, 서부 오스트레일리아 연안 등 주로 서태평양의 수심 80~150m의 대륙붕에서 서식한다.

눈볼대는 암컷과 수컷의 수명이 다른 종으로, 수컷은 평균 수명이 4~5년, 암컷은 10년으로, 30cm가 넘는 것은 모두 암컷으로 보아도 무방하다. 간혹 크기가 큰 눈볼대 모두가 암컷이기 때문에 성전환을 겪는 어종으로 여기곤 하는데, 이는 암수의 수명 차이에 따른 오해라 할 수 있다.

눈볼대는 주로 구이로 조리해 먹지만, 선도가 좋은 경우 초밥으로 사용하면 그 맛이 일품이다. 먼저 손질한 속살 위에 약간의 소금을 뿌려 놓고, 1시간이 지난

다음 청주와 물을 반반씩 섞은 혼합물에 살짝 담갔다 건져 소금기와 물기를 제거한 후 앞뒤로 다시마를 붙인다. 다시마를 붙이는 이유는 다시마의 향을 살에 배게 해 감칠맛을 내려는 것도 있지만, 표면에 붙어 있는 끈적이는 성분이 살을 찰지게 하기 때문이다. 이 성분은 수용성 식이섬유의 일종인 알긴산(Alginic Acid)으로, 체내의 미세먼지나 중금속에 달라붙어 몸 밖으로 배출하게 하는 효능도 지니고 있다. 요즘처럼 미세먼지가 문제일 때 다시마를 비롯한 해조류를 섭취하는 것도 건강을 위한 한 방안이라고 할 수 있다. 3시간이 경과한 후 덧붙인 다시마를 제거한 다음 초밥용 크기로 썰어 불에 양쪽 겉면만 살짝 그을려 밥에 올리고, 등자열매즙 소스에 담근 무즙을 얹으면 새콤함과 고유의 진한 고소함이 어우러져 구이와는 또 다른 맛을 느낄 수 있다. 또한 라임즙과 소금만을 뿌리면 속살 특유의 담백한 식감을 경험할 수 있다. 만약 조림요리를 원한다면 끓는 간장 양념에 살짝만 익혀 내면 달고 짭짤한 눈볼대 니쓰케(につけ)가 완성된다.

아귀

Lophiomus setigerus

넓적한 몸뚱이에 3/4 이상을 차지
하는 큰 입과 날카로운 이빨을 지닌
아귀는 흉측한 생김새 때문에
1950~1960년대까지만 해도 잡자
마자 재수가 없다며 다시 바다에 버릴 정도로
생선 취급을 받지 못했던 어종이다. 때문에 뱃사람
들은 지금도 아귀라는 이름 대신에 못생겨서 버리
는 생선, 즉 '물텀벙'이라고 부른다. 『자산어보』에는
아귀를 '낚시하는 물고기'라 하여 '조사어(釣絲魚)'로

기록하고 있는데, 이는 입의 바로 위쪽에 등지느러미의 가시가 변한 낚싯대처럼 생긴 가느다란 촉수를 좌우로 흔들어 먹잇감을 유인한 후 사냥하기 때문이다.

흔히 식성이 좋아 닥치는 대로 뭐든지 먹는 사람을 아귀 같다고 하는 것도, 바로 아귀가 자신의 몸집보다 훨씬 큰 물고기를 통째로 삼켜 녹여 먹는 식습성 탓에 기인한다. 대형 아귀를 잡은 뒤 몸을 해체하면 위 속에 작은 상어의 뼈는 물론 갈매기, 펭귄까지 들어 있는 것을 보면 수면에까지 올라와 새도 잡아먹을 정도로 아귀의 걸신스러운 식성은 가히 상상을 초월한다고 할 수 있다.

우리나라의 서해, 남해, 제주도를 비롯해 홋카이도 이남, 동중국해, 필리핀, 아프리카 등 수심 30~500m의 모래진흙 바닥에서 서식하는 아귀는 연중 내내 어획되지만 제철은 12월에서 이듬해 2월까지이다. 비늘이 없어 붕장어나 가오리 껍질처럼 미끌거리는 아귀는 암컷이 수컷보다 훨씬 대형으로, 일본에서는 '서(西) 복어, 동(東) 아귀'라 할 정도로 고급 어류로 꼽으며, 특히 살, 간, 지느러미, 난소, 위, 아가미, 껍질 등 아귀의 일곱 가지 부위를 별미로 지정해 버릴 것이 하나도 없는 생선으로 취급하고 있다.

일반적으로 아귀는 찜으로 먹지만 튀김도 별미이다. 적당한 크기로 잘라 간장, 마늘, 청주로 버무린 다음 1시간 정도 재어두었다 마른 전분에 무쳐 140℃의 중불에 튀긴 후 다시 180℃의 강한 불에 한 번 더 튀겨내면 더욱 바삭하다.

또한 손질한 아귀 살에 다시마 물과 청주를 넉넉히 붓고 푹 고아 국간장과 소금으로 간을 맞춘 후 채를 썬 생강을 뿌려 식히면 편육처럼 쫀득한 맛을 즐길 수 있다.

초밥으로 만들 때에는 포를 떠 소금을 약간 뿌려 1시간가량 놔두었다 청주와 물을 반반씩 섞은 혼합물에 씻어 물기를 닦은 후 다시마로 절여 6시간이 지나 초밥을 만든 다음 위에 오로시폰즈를 얹어 먹으면 된다.

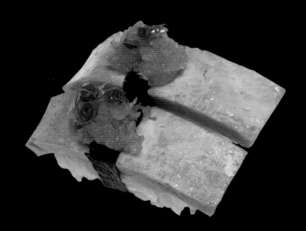

아귀 간 あんきも

아귀 간은 홍어, 쥐치의 간과 함께 미식가들이 가장 선호하는 부위로, 도미와 참치 간의 지방 함유율이 2~3%에 불과한 데 비해 아귀는 40%로, 먹이가 적은 깊은 바다 속에서 생존하기 위해서는 영양분의 대부분을 간에 지방으로 비축해두어야 하기 때문이다. 더욱이 간에는 비타민 A와 E가 풍부해 야맹증 등 시력 보호는 물론 피부 노화 방지에도 효험이 있다.

일단 아귀 간을 맛본 미식가들은 아귀 간이 프랑스의 3대 요리 중 하나인 거위 간(푸아그라, Foie gras)을 능가할 정도의 고소하고 깊은 맛을 지니고 있다며 동양의 푸아그라라고 극찬한다.

초밥으로 사용할 때, 먼저 간에 붙은 핏줄을 조심스럽게 떼어낸 후 소금을 뿌려 1시간가량 놓아두도록 한다. 그러고 나서 다시 청주로 씻고 20분 정도 찜통에서 찐 다음, 먹기 좋은 크기로 썰어 밥에 올리면 된다.

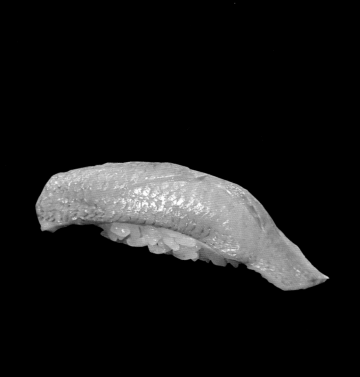

鱚 きす

보리멸

Sillago sihama

보리멸은 농어목 보리멸과의 대표
적 어종으로 우리나라 전 연안과
일본 홋카이도 이남, 호주 등의 태평양 서부와 인도
양, 지중해에 분포되어 있다. 세계적으로 약 33종이
알려져 있으며, 이 중 우리나라 근해에서 잡히는 보
리멸이 몸길이가 최대 30cm에 못 미치는 데 반해,
호주에 서식하는 보리멸은 최대 70cm에 달할 정도
로 종에 따라 크기와 생김새가 무척 다양하다.

백사장의 미녀라는 애칭처럼 등 쪽은 연한 황갈

색이고 배 쪽은 은백색으로, 해안가 모래 색과 비슷해 몸을 숨기기에 좋은 천혜의 몸 색깔을 지니고 있다. 보리가 익어갈 무렵 산란을 위해 연안의 백사장으로 찾아든다 하여 보리멸이라는 이름이 붙여졌는지는 알 수 없지만, 아무튼 보리멸은 여름이 제철로, 찬바람이 불기 시작하면 30~50m의 깊은 바다로 돌아가 겨울나기를 준비한다. 만약 보리멸을 본 적이 없는 사람이라면 생김새뿐만 아니라 맛 또한 강바닥에 서식하는 모래무지와 비슷하다고 생각하면 된다. 또한 보리멸 (*Sillago sihama*)보다 빛깔이 진하고 비늘이 잔 청보리멸 (*Sillago japonica*)이 있는데, 보리멸과 청보리멸은 분류상 서로 학명을 달리해 구분하지만 일반적으로 두 생선을 구분 짓지 않고 혼용해 사용하기도 한다.

일본에서는 청보리멸을 주로 초밥뿐만 아니라 튀김으로 조리해 먹는데, 이는 청보리멸이 초밥과 함께 에도마에즈시의 양대 축인 튀김요리의 대표 생선이기 때문이다. 여름철 도쿄만의 식당들에서는 저마다 갓 잡은 싱싱한 청보리멸을 최고급의 참깨 기름에 튀긴 정통 청보리멸 튀김을 선보이고 있어, 이를 맛보려는 인 파들로 장사진을 이룬다.

살이 부드럽고 수분을 많이 포함하고 있기 때문에 초밥으로 사용할 때는 먼저 청주에 적신 천으로 다시 마를 닦아 촉촉하게 만든 후 그 위에 살을 올려놓는 다. 그리고 다시 다시마를 올려 살짝 누른 후 랩으로 감싸 냉장고에 약 4시간 정도 보관해두었다 밥 위에 얹으면, 수분이 빠져 담백하고 쫄깃한 고유의 식감을 느낄 수 있다.

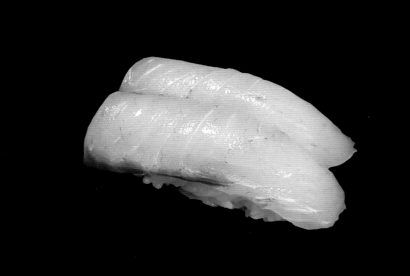

鱸 *すずき*

농어

Lateolabrax japonicus

아마도 우리가 알고 있는 대부분의 물고기들이 농어목에 속하는 것을 알면 무척 놀랄 것이다. 보리멸, 눈볼대, 흑점줄전갱이, 숭어, 갈치, 민어, 참돔, 붉돔, 자리돔, 옥돔, 방어, 고등어, 전갱이, 가다랑어, 참치 등 생김새가 전혀 달라 보이는 생선까지 농어목일 정도로 물고기 전체 종의 40%를 차지한다. 농어는 바로 이 물고기들을 대표하는 생선이다.

아마 고향을 그리워한다는 '순로지사(蓴鱸之思)'라

는 사자성어를 한두 번쯤 들어보았을 것이다. 중국 서진(西晉) 때 고위 관료였던 장한(張翰)이 고향에 있는 송강(松江)의 순채(蓴菜)와 농어를 그리워한 나머지 관직을 버리고 낙향했다는 일화에서 유래된 고사로, 그만큼 농어의 맛이 좋다는 의미를 나타낼 때 흔히 송강노어(松江鱸魚)라는 말을 자주 애용한다. 하지만 송강노어는 알고 보면 우리가 알고 있는 농어가 아니라 쏨뱅이목에 속하는 꺽정이(*Trachidermus fasciatus*)로, 지금의 상하이를 흐르는 송강에서 잡히던 민물고기를 말한다.

우리나라 한강 하구에서도 잡히는 꺽정이는 서울시 보호종으로 지정되어 있는데, 생김새도 다를 뿐더러 크기도 아주 작아 농어와 확연히 구별됨에도 혼동하는 이유는 바로 농어가 중국어로 노어(鱸魚)이기 때문이다. 수많은 이름을 가진 숭어와 달리 농어는 다른 이름이나 방언이 거의 없는 편으로, 다만 20~30cm의 어린 농어를 가리키는 말로는 걸덕어(乞德魚), 깔따구, 껄떡이, 껄떼기 등이 있다. 아마도 먹이만 보면 껄떡대며 달려드는 습성 탓에 붙여진 이름이라 추정된다.

하지만 앞서 설명한 바와 같이 일본에서는 농어가 출세어로 인식되어 크기에 따라 이름을 달리한다. 예를 들어 관동지방에서는 몸길이 20~30cm를 '세이고(せいご)', 40~60cm를 '훗코(ふっこ)', 4~5년 된 그 이상의 성어를 '스즈키(すずき)'라고 한다.

농어는 숭어, 민어와 함께 '바다의 삼총사'라고 불릴 정도로 생김새가 빼어날 뿐만 아니라 맛과 영양도 풍부하다. "봄 조기, 여름 농어, 가을 갈치, 겨울 동태"라든가 "음력 5월에 농어를 고아 먹으면 곱사등이를 편다"라는 속담처럼 농어는 바라보기만 해도 약이 될 정도로 여름철 보양식으로 널리 알려져 있다. 정확히 말하면 농어는 5~6월, 민어는 7~8월이 제철 보양식으로, 6월 말까지 농어를 잡던 신안 앞바다의 배들은 7월부터 민어를 잡을 만반의 준비를 갖추게 된다. 농어철이 되면 주낙을 실은 배들은 전남 고흥의 목동항을 뒤로한 채 섬들로 둘러싸여 마치 호수처럼 고요한 임자도 앞까지 가 수심 15m에 주낙을 드리우며 새벽을 시작한다(겨울철에는 월동과 산란을 위해 깊은 곳으로 이동하는 회유성 어종이라 이보다 더 깊은 곳에 주낙을 설치한다).
이때 살아 있는 미끼가 아니면 거들떠보지도 않는 농
어의 특성 때문에 산새우를 미끼로 사용한다고 한다.

농어는 몸의 체측 상단에 검은 반점이 있는 점농어
와 점이 없는 민농어 두 종류가 있는데, 점농어의 속
살이 민농어보다 진한 것이 특징이다. 또한 점농어는
여름이 제철이며, 민농어는 찬바람이 부는 겨울이 제철
이다. 따라서 여름 보양식으로 쓰이는 농어는 거의 다
점농어로, 민농어 10마리를 점농어 1마리와 바꿀 정도
로 맛의 차이가 뚜렷하다.

양식산과 자연산을 구별하는 방법은 꼬리지느러미가
짧고 검은색을 띠는 것이 양식산으로, 의외로 자연산
과 쉽게 구분이 가능하다.

살이 탱탱하고 고들고들한 농어는 빗겨서 포를 떠서
그대로 초밥을 만들어 먹어도 맛있지만, 얇게 뜬 포를
얼음물과 실온의 물에 번갈아 담가 사용하면 온도 차
이로 인해 살이 뒤틀리면서 지방기가 빠져 쫄깃하면서
도 담백한 식감을 더욱 살릴 수 있다. 참고로 바닷가

민가에서는 복통이 났을 때 농어의 쓸개를 상비약으로 대신해 사용한다고 한다.

등 푸른 생선

고등어
전갱이
전어
청어
정어리
학공치
꽁치

鯖 ^さ^ば

고등어
Scomber japonicus

　한때 언론에서 고등어구이가 대
기오염의 주범 중 하나라는 보도
가 나자 수요가 급격히 감소했음에도, 저렴한 값에
비해 영양가가 높아 '바다의 보리'라고 불릴 정도로
수산물 가운데 수년째 부동의 1위를 차지하고 있
다. 고등어(참고등어)는 보통 크기가 30~40cm로, 몸
은 길고 방추형이며 등은 파랗고 배는 은빛을 띤 흰
색으로 등 쪽에는 연한 청흑색의 물결무늬가 박혀
있다. 때문에『자산어보』에는 "푸른 무늬를 지닌 물

고기"라 하여 벽문어(碧紋魚)라 적고 있으며, 어느 시인
도 고등어를 "넉넉한 바다를 떠돌던 등이 푸른 자유"
라고 표현했으며, 일본에서도 물고기 어(魚) 옆에 청(靑)
을 합침으로써 푸른 생선임을 뚜렷이 강조하고 있다.

흔히 식당에서는 참고등어와 망치고등어를 주로 사
용하는데, 망치고등어는 아열대성 고등어로 참고등어
보다 맛이 떨어지며, 배 쪽에 회흑색 반점이 산재해 있
어 점고등어라고 불리기도 한다.

지방이 많아 구이용으로 주로 사용되는 수입산 고등
어도 해마다 늘고 있는 추세로 노르웨이산 고등어가
수입 고등어의 80% 이상을 차지하는데, 노르웨이산
고등어는 우리나라에서 잡히는 고등어와는 다른 대서
양 고등어로 등 색깔도 더 진하며 물결무늬 또한 굵고
선명해 쉽게 구별이 가능하다. 한 가지 특이한 점은 대
부분의 고등어가 부레가 없어 죽을 때까지 유영할 수
밖에 없는 반면, 참고등어는 부레가 있다는 것이다.

오래전 일본에는 사바카이도우, 즉 고등어 길[鯖街道]
이라는 독특한 길이 있었다. 후쿠이현(福井県)에서 교토

에 이르는 이 길은 원래 모든 해산물을 나르던 루트였지만, 특히 고등어가 대다수를 차지하고 있었기 때문에 이 같은 이름이 붙여졌다고 한다. 냉동 기술이 없던 당시에는 마치 경북 안동의 간고등어처럼 상하기 쉬운 고등어를 소금에 절여 운송했으므로, 이 같은 조리 방법이 현재까지 이어져 교토에서는 고등어 초밥이 대표적 음식으로 자리 잡고 있다.

초밥으로 만들 때에는 먼저 손질한 고등어에 소금을 골고루 듬뿍 뿌려 식초가 잘 스며들도록 3~4시간 놓아둔 후 소금을 씻어내어 식초에 1~2시간 담가둔 다음 물기를 제거해 냉장고에 하루 동안 숙성시키는 과정을 거친다. 적당한 크기로 살을 잘라 밥에 올리고 그 위에 얇게 돌려 깎아 소금에 절인 무를 식초에 담갔다 얹으면, 무의 아삭함과 초에 절인 고등어 특유의 향이 한데 어울려 입안을 기쁘게 만들 것이다. 특히 가을 고등어는 "가을 배와 고등어는 며느리에게 주지 않는다"라는 속담이 있듯, 기름지고 살이 올라 더욱 맛있다.

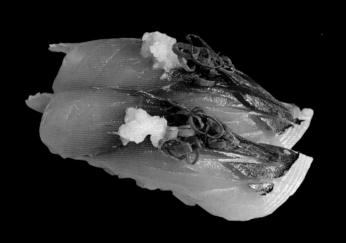

전갱이

Trachurus japonicus

전갱이는 지역에 따라 매
생이(전남), 가라지(완도, 흑산도),
매가리(부산), 전광어(경남), 각재기(제주), 아지(울릉
도) 등으로 달리 불리는데, 이 중 가장 눈에 띄는 이
름은 울릉도의 아지이다. 전갱이의 일본말이 바로
아지(あじ)로, 맛이 좋은 생선이라 하여 '맛'을 나타
내는 '아지'라는 이름이 붙여진 것을 보면 예로부터
우리나라와 일본 모두에서 사랑받던 어종임은 분명
하다.

전갱이의 몸길이는 대략 20~40cm이며, 고등어, 꽁치, 정어리와 함께 등 푸른 생선을 대표한다. 이 생선들은 불포화지방산을 많이 함유하고 있기 때문에 중성지방과 콜레스테롤을 감소시켜 고혈압이나 동맥경화 등 성인병 예방에 효과가 있을 뿐만 아니라 비타민 A도 풍부해 면역력 강화와 눈, 피부 건강에 도움을 준다. 가짜 고등어라 불릴 정도로 생김새는 고등어와 비슷하지만 고등어보다 몸이 납작하며 머리 뒤쪽부터 꼬리지느러미까지 몸의 측선을 따라 가시처럼 딱딱하고 날카로운 모비늘이 줄지어 있는 것이 특징이다.

우리나라 전 연근해 중·저층에 서식하며 봄과 여름에 동한해류를 타고 북상하고 가을과 겨울에 남하하는 회유성 어종이다. 산란기가 4~7월에 이를 정도로 길기 때문에 연중 맛있는 전갱이를 접할 수 있지만, 가장 살이 오르는 것은 3월 하순에서 8월까지이다. 일본어 아지(鯵)라는 한자 이름에 삼(參) 자가 붙어 있어 일본에서는 음력 3월을 전갱이의 제철로 보기도 한다. 다른 등 푸른 생선에 비해 기름기도 적고 생선 특유의 비린내가 거의 없는데다 식감이 부드럽고 맛이 고소해 그대로 초밥 재료로 쓰이지만, 겉만 살짝 그을려 지방을 녹인 후 초밥을 만들면 또 다른 맛을 느낄 수 있다.

鰶 このしろ

전어

Konosirus punctatus

"가을 전어 머리에 깨가 서 말이다", "전어 굽는 냄새에 집 나간 며느리 돌아온다" 등등, 속담이나 옛말 중에는 유난히 전어에 대한 얘기가 넘쳐난다. 그만큼 다른 생선에 비해 맛과 영양이 풍부해서겠지만, 조선 후기에 기록된 『임원경제지』에 돈 전(錢) 자가 들어간 전어(錢魚)로 표기된 것을 보면 그 당시 엽전 몇 개만으로도 사 먹을 수 있어 서민들에게 사랑받는 어종이었음을 알 수 있다.

일본에서도 "육식을 금하는 스님을 환속시켜서라도 반드시 전어를 먹이고 싶다"는 말이 있을 정도로 예로부터 인기 높은 생선이지만, 사무라이들은 전어를 먹지 않았다고 한다. 이는 고노시로(このしろ), 즉 15~17cm 크기인 전어의 훈독과 그들이 거주하는 성(城)을 뜻하는 고노시로(この城)의 훈독이 같아, 전어를 먹는다는 것은 곧 성이 붕괴되는 것으로 인식하였기 때문이다. 도쿠가와 이에야스 역시 전어를 대표적 금기 어종으로 분류해 먹지 않았다고 한다.

"봄 도다리, 가을 전어"라는 말이 있듯이 전어는 겨울을 앞두고 몸에 기름이 잔뜩 올라 가을에 맛과 영양이 최고조에 이른다. 그러나 가을 전어 못지않게 맛나는 것이 봄 전어로, 포를 떠 초절임한 손가락 길이의 전어[출세어인 만큼 일본에서는 길이가 4~5cm인 것을 신코(新子, しんこ), 7~8cm인 것을 고하다(小鰭, こはだ)라고 부름] 3장을 포개어 초밥으로 만들면 식감의 부드러움뿐만 아니라 전어 고유의 향이 더해 색다른 맛을 느낄 수 있다. 약제로도 쓰이는 전어는 특히 손발과 얼굴이 붓

고, 소화가 잘 되지 않는 사람들에게 큰 효험이 있다
고 한다.

청어

Clupea pallasii

청어는 예로부터 우리나라 전
연안에서 어획되는 친숙한 어
종으로, 몸은 옆으로 납작하고 몸 색
깔은 담흑색에 푸른빛을 띠며 배 쪽은 은백색을 지
니고 있다. 생김새가 정어리와 매우 닮았지만, 정어
리는 청어보다 다소 작고 옆구리에 검은 반점이 있
으며 몸 색깔도 덜 푸르다. 청어는 경북 동해안의 영
덕이나 구룡포 지역의 대표적 겨울철 별미인 과메
기의 원재료로 잘 알려져 있다. 과메기라는 명칭은

277

청어의 눈을 지푸라기 등으로 꿰어 말렸다는 관목(貫目)에서 유래한 것으로, 동해의 차가운 바닷바람에 얼렸다 녹였다를 반복하여 말린 반건조 식품이다.

흔히 과메기를 꽁치로 착각하는 사람들이 많은데, 이는 어획량이 줄어든 청어를 대신해 꽁치가 그 자리를 차지한 것에 불과하다. 꽁치 과메기가 고소하다면 청어는 처음에는 비린 듯하지만 씹을수록 찰지며 청어 특유의 감칠맛이 살아난다. 우리나라 연안에는 서해 청어와 동해 청어 두 종류가 있는데, 특히 기호지방에선 서해 청어를 '비웃'이라고도 부른다.

『명물기략(名物紀略)』이라는 옛 문헌에 가난한 선비를 살찌우는 물고기라 하여 '비유어(肥儒魚)'로 기록될 정도로, 청어는 등 푸른 생선 중에서도 비타민 A가 가장 많이 함유되어 있으며 단백질과 지방이 많은 고칼로리 식품이다. 특히 오메가 3의 함유량이 높아 각종 성인병 예방 및 피부 노화 방지에 탁월한 효능이 있다.

교토에는 청어를 말린 후 쌀뜨물에 불려 간장과 설탕, 청주를 넣고 졸인 후 따뜻한 메밀국수와 곁들여

먹는 전통 음식 '니신소바(にしんそば)'가 있는데, 이 또한 메밀만으로는 부족한 영양소를 섭취하기 위한 옛 사람들의 지혜였다고 할 수 있다. 일본에서는 청어를 횟감으로 즐기지 않는 대신 소금에 절여 말린 청어 알을 주로 먹는데, 초밥에 얹거나 가족의 안녕과 번영을 기원하는 새해에 먹는다고 한다. 좁쌀처럼 오톨도톨한 작은 알들이 씹을 때마다 튀는 듯한 독특한 식감을 지닌 청어 알은 과거 일본에서는 '노란 다이아몬드'라는 별명이 붙을 정도로 귀하고 값비싼 식재료로 취급받았다. "진달래꽃 피면 청어 배 돛 단다"라는 말처럼, 진달래꽃이 피는 음력 3월 무렵이 청어가 가장 많이 잡히는 시기이다.

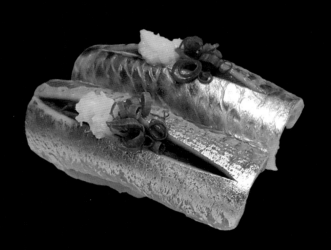

정어리

Sardinops sagax /
Sardinops melanostictus

　다른 등 푸른 생선과 마찬가지로 정어리도 짙은 청색의 등과 은백색의 배를 지니고 있다. 생김새가 유사한 청어와는 달리 옆구리에 1줄로 된 7개 내외의 흑청색 반점이 있으며, 때로는 여러 개의 점들이 측선 주위로 산재되어 있기도 한다. 정어리의 영어 이름인 사르딘 (Sardine)은 이탈리아반도 서쪽 해상에 위치한 지중해 제2의 섬 사르데냐에서 정어리가 많이 잡힌 것에 연유되었다고 한다. 서양에서는 10cm 이하의 것을 Sardine, 그 이상의 것을 Pilchard로 구분하는데, 흔히 통조림용으로 사용되는 정어리는 대개 10cm 이하의 Sardine이다.

아마도 독자 분들 중에는 정어리가 상어나 혹등고래, 바다표범 등과 같은 바다의 포식자들을 피해 거대한 무리를 지어 흩어지고 뭉치며, 마치 회오리바람을 일으키듯 쉼 없이 방향을 바꿔가며 대장관을 연출하는 모습을 본 적이 있을 것이다. 별다른 방어수단이 없는 정어리의 생존 전략이 빚은 바다 속 절경이라고 할 수 있다. 이처럼 정어리는 단백질과 지방이 풍부해 '바다의 쌀'이라는 별칭이 있을 정도로 바다 속 포식자들의 영양 공급원이 된다. 물속에서뿐만 아니라 물 밖에 나오자마자 금세 죽어 힘없는 물고기라 하여 일본에서는 정어리를 약한 물고기, 즉 이와시(鰯, いわし)라고 표기하고 있다.

정어리의 어획량은 특이하게도 50~70년 주기로 증감을 반복한다고 한다. 정어리가 워낙 흔했던 일제강점기 시절에는 식용 이외에도 비료로 가공되거나, 정어리 어유(魚油)로 군용 기름이나 등잔불에 사용된 적도 있었다. 하지만 30년 전 일본의 서점에 들렀을 때 구입한 북해도 수산대학교 어느 교수의 책 속 예측처럼 요즘에는 정어리 어획량이 급격히 줄어 1년에 2~3번 정도밖에 만날 수 없을 정도로 귀한 생선이 되어버렸다. 주기에 따르면 조만간 풍어를 맞을 수 있지 않을까 기대해본다.

정어리는 워낙 지방이 많아 쇠가 닿으면 빨리 산화하기 때문에 손질할 때는 대나무로 만든 칼을 사용하며, 가시를 뽑을 때에도 가능한 한 쇠칼이 닿지 않도록 주의해야 한다. 초밥으로 만들 때에는 손질한 살 위에 강판에 간 생강과 얇게 채 썬 실파를 올리는데, 비린내를 없애기 위해서라기보다는 생강의 향 자체가 정어리 특유의 향과 잘 어울려 환상의 조화를 이루기 때문이다. 참고로 우리나라에서 잡히는 정어리는 학명이 *Sardinops sagax*이며, 일본에서 잡히는 정어리는 *Sardinops melanostictus*로 다르지만, 대부분 큰 차이 없이 혼용하여 사용된다.

학공치

Hyporhamphus sajori

백석(白石) 시인의 글 중에 '동해'라는 짧은 수필이 있다. 날미역의 비릿한 내음이 코끝을 스치자 안주 생각이 난 백석은 바다를 보며 독백조로 이렇게 말한다. "내가 친하기로야 가재미가 빠질겝네. 회국수에 들어 일미이고 식혜에 들어 절미지. (…) 그리고 한 가지 그대나 나밖에 모를 것이지만 공미리는 아랫주둥이가 길고 꽁치는 윗주둥이가 길지…"

여기서 나오는 공미리가 바로 학공치이다. 학공치

는 흔히 학꽁치, 꽁치, 침어, 공미리 등으로 다양하게 불린다. 아래턱이 바늘이나 학의 부리처럼 가늘고 길어 이 같은 이름들이 붙여진 것으로 추측된다. 학꽁치는 연안의 해수면에 작은 무리를 지어 서식하는데 때로는 바닷물과 민물이 만나는 강어귀까지 올라오기도 한다. 봄부터 가을까지 어획되지만 산란 전 3월부터 5월 사이가 제철이다.

일본에서는 속과 겉이 다른 사람을 이를 때 '학꽁치 같은 사람'이라고 한다. 거의 투명할 정도의 겉모습과 달리 내장을 감싸고 있는 복막의 색깔이 상대적으로 새까맣기 때문이다. 이는 빛을 통과하기 쉬운 생선들에게서 볼 수 있는 생리적 특성으로, 햇빛이 장내에까지 투과되는 경우 광합성이 이루어지는 과정에서 만들어진 산소 기포로 인해 몸이 거꾸로 뒤집히는 기현상을 방지하기 위한 생존 차원의 적응 전략으로 보인다.

흔히 새하얀 속살이 주는 시각적 선입견 때문에 흰살 생선 특유의 담백한 맛을 기대하게 되지만, 의외로 등 푸른 생선의 고소한 맛이 입을 사로잡는다. 선도가 좋은 학공치를 그대로 초밥에 사용해도 좋지만, 소금과 식초를 넣은 물에 살짝 담갔다 물기를 닦아 다시마에 말아두었다 사용하면 육질의 쫄깃한 식감뿐 아니라 다시마의 향도 함께 느낄 수 있다.

秋
刀
魚
_{さんま}

꽁치

cololabis saira

　동갈치목에 함께 속해 있
는 꽁치와 학공치는 이름마
저 비슷해 같은 어종으로 착각하
는 사람이 있지만, 쉽게 구별이 갈 정도로 외형적인
차이를 보인다. 즉 꽁치는 학공치에 비해 확연히 몸
이 굵고, 아래턱이 학의 부리처럼 길지 않으며, 특히
같은 등 푸른 생선임에도 속살의 빛깔에서 큰 차이
를 보인다. 학공치가 반투명의 흰빛을 띠는 반면 꽁
치는 선홍빛이다.

일본이나 중국에서는 꽁치를 '추도어(秋刀魚)'라 부르는데, 이는 '가을에 잡히는 칼 모양의 물고기'라는 의미를 담고 있다. 그만큼 지방이 오르는 가을이 제철이라고 할 수 있다.

꽁치의 신선도를 판별하는 손쉬운 요령 한 가지는 꽁치의 머리를 위로 향하게 수직으로 잡고 있을 때 몸이 휘어지지 않고 빳빳하게 유지돼야 한다는 것이다. 물론 눈이 탁하지 않아야 하는 것은 모든 생선의 신선도를 판단하는 기본이다.

간혹 꽁치의 배를 갈라보면 장에 비늘이 보이는 경우가 있는데, 이는 다른 물고기들의 비늘이 아니라, 어획 시 삼킨 꽁치 자신의 비늘이다. 그만큼 꽁치의 비늘은 다른 물고기에 비해 쉽게 벗겨진다.

교토나 오사카 등의 관서지방에 가면 가시를 제거한 꽁치 살 위에 소금을 살짝 뿌린 다음, 일정 시간이 경과한 후 염분을 제거해 식초에 담가둔다. 그리고 살을 건져내 통째로 네모난 상자 틀 속에 차례차례 여러 마리를 넣은 후 그 위에 밥을 얹어 눌러서 만드는 오시

즈시(押し寿司) 방식의 꽁치 초밥을 맛볼 수 있다. 그러나 신선도가 좋고 꽁치 고유의 맛을 제대로 느끼려면 굳이 식초에 절이지 않고 그대로 초밥으로 만들면 된다. 위가 없고 장의 길이가 짧은 탓에 20~30분 정도 지나면 배설물을 체외로 그대로 배출하기 때문에 내장 특유의 비릿하고 쌉쌀한 맛이 적어 창자를 소금구이로 즐겨 먹는 사람도 많다.

오메가 3의 주요 성분인 EPA와 DHA를 많이 함유하고 있는 대표적 어종으로, 요즘에는 건강식품이란 이미지에 더해 열량이 낮아 다이어트 식품으로도 각광을 받고 있다.

새우류

보리새우
북쪽분홍새우
독도새우

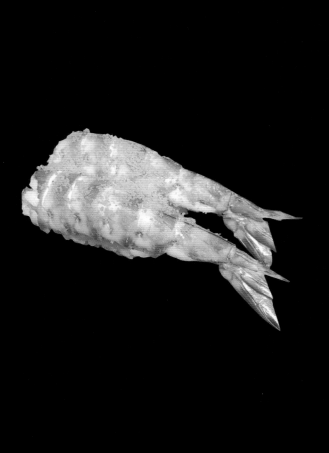

車海老

くるまえび

보리새우

Marsupenaeus japonicus

　보리새우는 주로 수온이
올라가는 봄부터 가을 사이에
어획되는 온수성 새우로, 우리나라의 거제를
비롯한 남해안과 일본 홋카이도 남부 근해, 호주
북부, 남아프리카 등 파도가 잔잔한 인도 태평양 연
안의 수심 15~25m의 모래펄에 서식한다. 낮에는
눈만 모래진흙 밖으로 내놓은 채 숨어 있다가 밤이
되면 모래를 나와 해저 근처에서 활동하는 야행성
어종이다.

지역에 따라 산란 시기에 차이가 있으나 일반적으로 산란철은 6~9월로, 늦가을부터 이듬해 봄까지가 제철이다. 몸 색깔은 연한 청색 혹은 적갈색을 띠고, 몸에는 머리가슴부터 꼬리 마디에 걸쳐 가로로 10줄 내외의 진한 줄무늬가 있다.

　일본에서는 보리새우를 구루마에비(車海老, くるまえび)라고 하는데, 이는 보리새우의 몸체가 활처럼 굽어졌을 때의 모습이 검은 가로줄무늬로 인해 마치 수레바퀴를 연상시킨다 하여 붙여진 이름이라고 한다. 특히 배의 끝부분에 있는 좌우 대칭의 꼬리부채에는 마치 산호랑나비 날개를 연상시킬 정도로 화려하면서도 우아한 노랑과 파랑 무늬가 박혀 있어 아름다움뿐만 아니라 신비함마저 더해준다.

　일반적으로 수컷이 17cm, 암컷이 27cm로, 암컷이 수컷에 비해 몸집이 크다. 우리에게 친숙한 새우 중에는 대하나 흰다리새우, 홍다리얼룩새우(블랙타이거새우)처럼 보리새웃과에 속한 새우들이 의외로 많다.

　살아 있는 상태에서 껍데기를 벗겨 얼음물에 담갔다

살을 쫄깃하게 만든 후 초밥을 만들어 라임즙과 간수를 뺀 천일염을 뿌려 먹으면 탄력과 단맛을 동시에 느낄 수 있다. 식욕을 촉진시키기 위해 계란 노른자를 채에 쳐서 뿌리기도 한다. 또한 새우는 회충을 없애주며 입안이 헐거나 몸이 가려울 때 효험이 크며, 특히 치질 치료에 큰 효과가 있다고 한다. 소형 새우는 참돔이나 농어 낚시의 미끼로 사용된다.

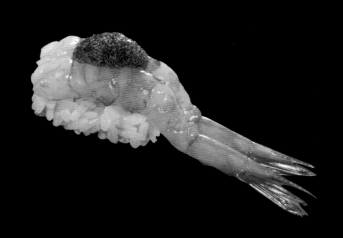

북쪽분홍새우

Pandalus eous

보리새우가 온수성 새우라면
북쪽분홍새우는 냉수성 새우
로 동해 북부에서 오호츠크해,
베링해, 알래스카, 그리고 캐나다의 서해안
에 이르는 수심 150~600m의 북태평양 심해에 널
리 분포한다. 다른 새우에 비해 워낙 단맛이 강해
흔히 단새우라고도 불리는데, 일본에서도 달다고
하여 아마에비(甘海老)라는 별칭을 가지고 있다.

일반적으로 새우나 게는 익었을 때 껍데기에 존재하는 색소분자인 아스타잔틴에 의해 붉게 변하지만, 북쪽분홍새우는 이름이 말해주듯 살아 있을 때부터 몸 전체가 분홍빛을 띤다. 또한 보리새우 등 대부분의 새우들이 성전환을 겪지 않는 것과 달리 도화새웃과에 속하는 이 새우는 암수한몸으로 웅성선숙의 성전환을 겪는다.

 앞서 언급한 제주도의 명물인 다금바리, 즉 '자바리'의 경우 난소가 먼저 성숙하는 자성선숙 어종인 데 비해 북쪽분홍새우는 감성돔이나 굴처럼 정소가 먼저 성숙하는 웅성선숙을 하며, 태어나서 3년가량 암수 구분이 없다가 4~5년째가 되면 수컷이 되고, 교미 후 5~6년째에는 암컷으로 바뀐다. 따라서 작은 개체는 수컷이고 큰 것은 모두 암컷으로 보면 된다. 그러나 최근 일부 개체는 평생 동안 암컷으로 살아가는 것으로 학회에 보고되기도 하였다.

 초밥으로 만들 경우, 통째로 묽은 소금물에 씻은 다음 껍데기를 벗겨 사용하며, 소금에 살짝 절인 알을 알코올을 날린 청주에 한 번 살짝 씻은 후 물기를 빼서 적당량 밥에 얹어 먹으면 색다른 식감을 체험할 수 있다. 강원도의 속초, 거진, 고성 등지에서 어획되며 제철은 12~2월경이다.

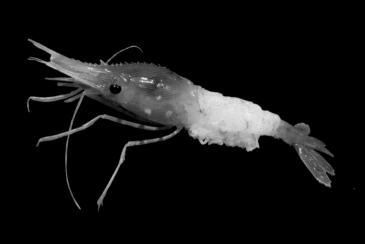

독도새우

Pandalus hypsinotus,
Pandalopsis japonica,
Lebbeus groenlandicus

도널드 트럼프 미국 대통령
이 우리나라를 방문했을 때 만
찬 음식에 올라 화제를 일으킨 새우가 바로 독도새
우이다. 일반 새우와 달리 어딘지 모르게 품위마저
느끼게 하는 이 새우는, 사실 품종의 이름이 아니
라 독도 인근 해역에서 잡히는 도화새우(*Pandalus
hypsinotus*), 물렁가시붉은새우(*Pandalopsis japonica*),
가시배새우(*Lebbeus groenlandicus*) 등 3종을 통틀
어 부르는 이름이다.

이 새우들은 몸 색깔이 모두 붉은빛을 띠며, 이 중 만찬에 오른 새우는 크기가 가장 큰 도화새우였다. 수심 100~400m 정도의 모래진흙 펄에 서식하고 있는 것으로 알려진 도화새우는 머리와 가슴 갑각의 측면에 마치 복숭아꽃[桃花]처럼 생긴 흰색 반점이 여러 개 불규칙적으로 산재해 있으며, 몸통에는 붉은 줄무늬가 가로로 나 있다. 일본 사람들은 만찬장의 도화새우가 독도새우가 아니라 도야마만(富山湾)에서 나는 도야마에비(トヤマエビ)라고 주장하며 비정규 경로를 통해 수입되었다고 주장하지만, 일본의 어류도감에도 엄연히 독도새우(独島蝦, トクトエビ)로 표기되어 있어 그들의 주장이 터무니없음을 알 수 있다. 오히려 일본 정부가 그토록 싫어하는 독도라는 지명 대신 죽도(竹島)라고 표기하지 않은 것이 의아할 따름이다.

하지만 우리나라에서조차 나머지 두 새우를 잘못된 이름으로 부르고 있는 상황이라 무척 속이 탄다. 흔히 물렁가시붉은새우를 꽃새우, 가시배새우를 닭새우라 부르는데, 이는 잘못된 표현으로 엄연히 동명의 표준명을 지닌 새우가 따로 있기 때문이다. 일본에서 트럼프 대통령을 초대했을 때 닭새우를 내놓았는데, 많은 언론에서 닭새우를 가시배새우로 착각하여 보도할 정도여서 시급히 명칭에 대한 오류를 바로잡아야 할 것이다.

닭새우는 몸길이 약 25cm에 이르는 대형 새우로 생김새가 바닷가재와 유사한 것이 특징이다. 또한 꽃새우 역시 물렁가시붉은새우와는 전혀 다른 보리새웃과의 새우로 참돔이나 옥돔 등의 미끼에 이용되는 소형 새우이다. 아무튼 선명한 흰색의 세로줄무늬가 마치 붉은 꽃을 아름답게 수놓은 듯하다 하여 꽃새우라는 별칭을 가지고 있는 물렁가시붉은새우는 이름에서 알 수 있듯이 길게 튀어나온 이마뿔의 상단 및 하단에 무른 가시가 줄지어 있는 붉은새우이다. 껍데기가 얇고 부드러워 손쉽게 손질이 가능한 이 새우는 북쪽분홍새우와 도화새우의 두 가지 맛을 동시에 지니고 있으며, 도화새우와 함께 북쪽분홍새우처럼 웅성선숙의 성전환을 겪는다. 따라서 만찬 식탁에 오른 도화새

도화새우

물렁가시붉은새우

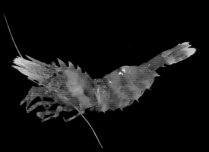

가시배새우

우 역시 암컷으로 보면 된다. 가시배새우는 앞서 소개한 두 새우와는 달리 꼬마새웃과에 속하며 독도새우 중 가장 크기가 작다. 이마뿔 가시가 닭 벼슬처럼 생겼다 하여 보통 닭새우라고도 불리는 이 새우는 온몸이 딱딱한 가시투성이로 손질하기가 어렵다는 단점이 있지만, 육질이 부드러우면서도 탄력이 있어 씹을수록 고소하고 달콤한 식감을 느낄 수 있다.

조개류

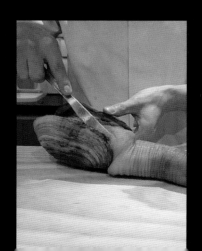

鮑
あわび

전복

Haliotidae

불로장생을 꿈꾸던 진시황이
자양강장제로 애용했을 정도로
맛과 영양이 매우 뛰어난 전복은, 예로
부터 임금에게 바치는 진상품의 대표적 어종이었으
며, 간의 열을 내리고 눈을 보호하는 최고의 음식으
로 알려져 있다.

배가 곧 발이라 하여 복족류에 속하는 전복은 달
팽이와 같은 치설로 주로 밤에 해조류를 갉아 먹는
초식성 어류이다. 우리나라에 서식하는 전복의 종

류는 소형종인 오분자기를 비롯해 마대오분자기, 북방전복, 까막전복(둥근전복), 말전복, 왕전복, 시볼트전복 등이다. 이 중 흔히 참전복으로 알려진 북방전복은 까막전복의 북방형으로 양식 전복의 대부분을 차지하고 있다. 2018년 완도산 전복이 아시아 최초로 수산물 양식 국제인증(ASC 인증)을 받을 정도로, 양식 전복의 품질 또한 최고라 할 수 있다.

　서양에서는 생김새가 귀처럼 생겼다고 하여 '바다의 귀'라는 어원을 가지고 있는데, 순우리말로도 귀조개라고 부른다. 전복의 외형적 특징 중 하나가 바로 타원형의 껍데기 위에 뚫려 있는 구멍, 즉 공렬(孔列)이다. 대개 7~9개의 구멍이 나 있는데, 9개가 일반적이라 구공라(九孔螺)라고 부르기도 한다. 성장과 함께 계속 새로운 구멍들이 생겨나며 시간이 경과함에 따라 뒤쪽 몇 개를 제외하고 기존의 구멍들은 막히게 된다. 열려 있는 구멍은 물이 나가는 출수공(出水孔)이며, 배설물도 이를 통해 밖으로 내보내진다. 전복 껍데기를 데워 눈에 찜질하는 것만으로도 안질환에 효험이 있다고 한다.

　대부분의 조개류가 겨울에서 봄 사이가 제철이지만 전복만큼은 봄에서 여름이 제철이다. 한 가지 주의할 점은 산란기(참전복 기준 9~11월)에는 내장에 독성이 있으므로 가급적 생식은 피하고 살짝 데쳐서 먹는 것이 좋다. 전복 초밥의 경우 날것으로 먹기도 하지만, 물과 청주가 반반씩 담긴 찜통에 전복을 넣고 그 위에 생다시마를 덮은 다음 (크기에 따라 차이가 있지만) 대략 4~5시간 찌면 살이 쫀득하고 부드러워져 날것과는 또 다른 전복의 식감을 느낄 수 있다. 찜통 대신 압력솥을 사용하면 살이 부드러워지기는 하지만, 전복이 품고 있던 영양소까지 모두 국물로 빠져나가 고유의 식감과 영양 모두를 잃게 될 우려가 있다. 참고로 손질한 전복을 냉동 보관하는 경우, 반드시 삶은 후 밀봉해서 냉동시키도록 한다. 날것을 냉동시키는 경우, 녹였을 때 살이 질겨지고 육즙이 빠져나가 전복의 맛을 제대로 느낄 수 없기 때문이다.

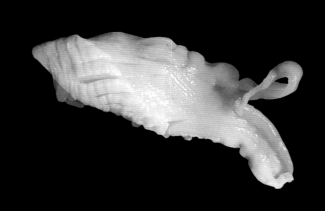

왕우럭조개

Tresus keenae

만조 때 바닷물에 잠겼다가 간조 때 물이 빠지는 조간대에서 수심 20m 사이의 모래펄에 서식하는 이 조개는 몸길이 15cm의 대형 패류에 속한다. 껍데기는 원래 흰색을 띠고 있으나 암갈색의 각피가 두껍게 표면을 덮고 있으며, 수관이 굵고 길기 때문에 수관 전체를 껍데기 속에 집어넣지 못한다. 흔히 코끼리조개와 혼동하는 경우가 있는데, 외형만으로도 쉽게 구별이 간다. 크기가 좀 더 큰 왕우럭조개는 수관의 색깔이 진한 흑갈색이고, 껍데기는 가운데가 약간 부풀어 오른 둥근 삼각형이다. 코끼리조개는 수관이 연한 갈색을 띠며 물결 모양의 성장선이 층층이 나 있는 회백색 껍데기가 둥근 직사각형에 가깝다. 맛 또한 현저한 차이를 보여 왕우럭조개의 가격은 코끼리조개의 2배에 이른다.

일본에서는 왕우럭조개를 미루쿠이(海松食, みるくい) 또는 미루가이(海松貝, みるがい)라고 부르는데, 둘 다 수관 속에 해송(미루, 海松)[사슴뿔을 닮은 녹조류의 일종인 청각채(靑角菜)]이 붙어 있는 모습이 마치 청각채를 먹고 있는 것 같다 하여 붙여진 이름이다. 수관의 입구 주위로는 해초 이외에도 따개비가 붙어산다.

초밥의 주재료는 바로 이 수관으로, 먼저 수관을 칼로 떼어낸 후 끓는 물에 살짝 데쳐 얼음물에 담가 식힌 다음 흑갈색의 표피를 벗겨 수관 끝을 잘라낸다. 그리고 먹기 좋게 적당히 자른 수관을 물과 식초를 2:1 비율로 섞은 물에 10초 정도 담근 후, 수분을 제거해 초밥 위에 얹으면 쫄깃하고 단맛이 강한 왕우럭조개 고유의 식감을 느낄 수 있다. 이때 간장을 찍기보다는 라임이나 레몬즙을 짠 후 천일염을 올려 먹으면 개운하면서도 색다른 나름의 깊은 맛을 한껏 음미할 수 있다. 여수, 거제에서 연중 어획되지만 제철은 10~3월이다.

북방대합

pseudocardium sachalinensis

　　고급 일식당에서 빠지지 않는 초밥 재료 중 하나
가 바로 북방대합이다. 학명이 말해주듯 이 조개는
러시아 사할린과 연해주, 우리나라의 동해안 북부,
일본의 홋카이도 북쪽 오호츠크 연안의 수심 50m
이하의 고운 모래펄에 서식하며 최장 수명이 30년
이 넘는다. 때문에 일본에서는 노패(姥貝), 즉 '할머니
조개'라는 별칭으로도 불리며, 우리나라
에서는 껍데기가 마치 곰가죽과 닮았
다 하여 '웅피(熊皮)조개'로도 불린다.

길이가 10cm 안팎에 이르는 중형 조개로, 지방이 적고 칼슘과 철분 함량이 높아 예로부터 동해안 주민들 사이에서는 산후조리용 탕에 빠지지 않고 등장하는 보양식으로 알려져 있다. 껍데기가 매우 두꺼워 바둑돌이나 약을 담는 용기로 이용되며, 태워서 얻은 석회는 고급 도료의 원료로 쓰인다.

껍데기의 표면에는 가는 성장선이 촘촘히 배열되어 있는데, 5년 정도 자란 껍데기의 길이는 7.2cm, 10년 정도 자라면 8.3cm, 20년 정도 자라면 9.4cm로, 이때마다 마치 나무의 나이테처럼 줄이 생겨 이를 통해 나이를 가늠해볼 수 있다. 대합(大蛤)은 패각의 색깔이 회백색부터 연한 황갈색까지 백 가지가 넘는 다양한 색과 맛이 담겨져 있다 하여 백합(百蛤)이라고 불리는데, 북방대합은 일반적으로 황갈색 혹은 검정에 가까운 암흑색이다. 크기가 작고 색깔이 옅을수록 값이 떨어진다.

초밥에 사용되는 것은 발 부분으로, 생물 상태에서는 연보랏빛을 띠지만 데치거나 익히면 마치 붉은 선인장의 꽃처럼 선홍빛으로 변해 식감을 더욱 자극한다. 다른 조개에 비해 단맛이 강하며, 씹을수록 육질이 살아나 감칠맛을 더해준다. 초밥을 만드는 방식은 수관 대신 발을 사용할 뿐 왕우럭조개와 같다고 보면 된다. 특별히 제철이 따로 없지만, 매년 2월에 일본 미야기현(宮城県) 야마모토초(山元町)에서 북방대합축제가 열리는 것을 보면, 이 무렵이 제철이 아닐까 한다.

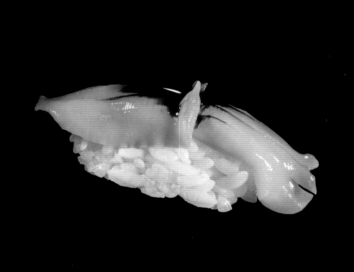

蛤 _{はまぐり}

백합

Meretrix lusoria

 백합(白蛤)은 전복과 견주어도 결코
떨어지지 않는 고급 패류로, 우리
나라의 서해안, 일본, 중국, 필리핀,
타이완, 동남아시아 등지에 분포하고 있다. 조
개 중에서도 으뜸으로 꼽아 '상합'이라고도 하고, 크
기가 커서 '대합'이라고도 하며, 오래 산다 하여 '생
합'이라고도 불린다.

조개의 여왕이라는 위상에 걸맞게 뽀얀 속살과
은은하면서도 진한 향 덕분에 미식가들의 입맛을

사로잡는다. 깊은 바다 속 진흙이 많은 모래펄에 서식하는 키조개와 달리 백합은 모래가 60% 이상 포함된 단단한 모래펄, 즉 강과 바다가 만나는 강 하구의 갯벌이 최적의 서식지이다.

동해안에 모시조개가 있다면 서해안에는 백합이 있다는 말처럼, 강화에서 목포에 이르는 세계 5대 갯벌 중 한 곳인 서해안 갯벌에는 플랑크톤과 같은 유기물질이 풍부해 백합의 주산지가 집중되어 있다. 철새들의 중간 기착지로, 람사르 습지로 등록된 서천군 유부도와 고창, 부안, 증도 갯벌 등 끝이 보이지 않는 너른 펄에서는 겨울철 3개월을 제외한 3월 말부터 11월 말까지 백합을 캐는 어민들의 분주한 손길을 늘 마주할 수 있다. 그러나 바람이 강하고 물살이 센 사리 때는 백합이 모래 속으로 깊이 숨어버리기 때문에, 바람이 적고 물살이 잔잔한 조금 때를 택해 채취한다고 한다.

백합은 다른 조개들에 비해 입을 꽉 다물고 있기 때문에 모래나 펄이 거의 없어 해감도 손쉽게 할 수 있다. 물에 소금을 섞어, 물의 온도를 50℃ 정도 유지한 후 5분간 담가두면 이물질을 깨끗이 토해낸다. 다만 백합에는 비타민 B1을 분해하는 효소인 아노이리나아제(aneurinase)가 포함되어 있기 때문에, 초밥으로 사용 시 건강을 고려해 반드시 끓는 물에 살짝 익혀 분해 효소를 먼저 제거하도록 한다. 그다음 백합을 데친 물에 간장, 청주, 설탕을 섞어 간을 맞춘 후, 식은 국물에 살을 넣어 맛이 어느 정도 배면 다시 건져 밥 위에 얹도록 한다.

　참고로 청나라 때 왕맹영(王孟英)이 저술한 『수식거음식보(隨息居飮食譜)』에 따르면 백합은 이뇨 효과가 탁월하고 숙취와 갈증 해소는 물론 가래 제거에 특효가 있다고 한다.

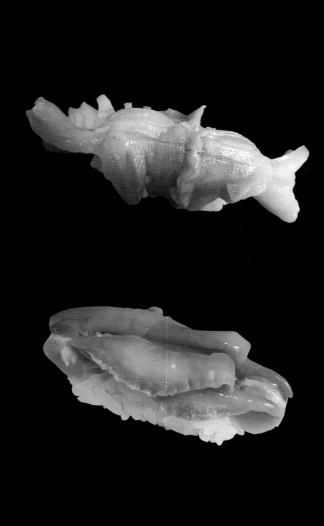

赤貝
あ か が い

피조개

Scapharca broughtonii

피조개는 주로 수심 5~30m의 비교적 파도가 적고 조류가 심하지 않은 얕은 펄이나 모래층에 서식한다. 몸길이 12cm의 둥근 직사각형 모양으로, 참꼬막이나 새꼬막처럼 껍데기에 부챗살 모양의 골이 40여 개 패어져 있으며, 골 사이에는 가시처럼 생긴 각피가 밖을 향해 나 있다. 이 골의 형태를 가리켜 우리나라 최초로 어패류에 관해 자세히 기록한 김려(金鑢)의 『우해이어보(牛海異魚譜)』에는 마치 기왓골을 닮았다 하여 와농자(瓦壟子)라고 표현하고 있다.

이름이 말해주듯 붉은빛이 선명한 피조개는 에도마에즈시에서는 빠져서는 안 될 초밥 중 하나이다. 새우를 포함한 갑각류나 조개류를 포함한 연체동물이 대부분 혈색소에 구리 성분이 함유된 헤모시아닌을 지니고 있어 피 색깔이 푸른빛을 띠는 데 반해, 피조개를 비롯한 돌조갯과에 속한 꼬막류의 혈색소는 철분을 함유한 헤모글로빈을 지니고 있어 자연히 피가 붉다. 당연히 철분과 헤모글로빈이 풍부하여 빈혈에 도움을 줄 뿐만 아니라 예부터 눈에 좋은 음식으로 알려질 정도로 조개류 중 비타민 A를 가장 많이 포함하고 있다.

산란기는 산지에 따라 다르지만 산란을 마치는 늦가을부터 이듬해 봄까지가 제철이다.

초밥을 만들 때는 다른 조개류와 달리 끓는 물에 데치지 않고 날것을 사용한다. 반드시 살 표면을 덮고 있는 점액 성분을 소금으로 깨끗이 씻은 다음 손질한 살을 소량의 식초가 담긴 물에 헹구어 건져내 수분을 제

거한 후 밥 위에 얹는 것이 중요하다. 눈길을 사로잡는 주홍빛 살과 씹을 때마다 느껴지는 바다의 향기가 함께 어우러져 고유의 단맛에 풍미를 더할 것이다. 특히 미식가 사이에서는 속살보다 끈처럼 생긴 외투막(히모, ひも)을 더 선호할 정도로 히모는 인기가 매우 높다. 2개를 리본처럼 묶어 밥 위에 얹으면 모양도 예쁠 뿐만 아니라 단단한 육질이 주는 독특한 식감에 입안이 내내 즐거울 것이다.

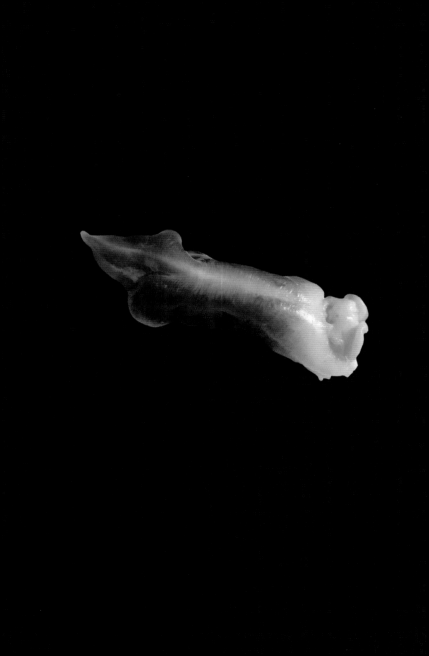

鳥貝
とりがい

새조개

Fulvia mutica

검보라색의 발이 새의 부리와 닮았다 하여 새조개라 이름 붙여질 정도로, 새조개는 지역마다 갈매기조개(부산, 창원), 오리조개(남해, 하동) 등 새를 본뜬 방언으로 다양하게 불리고 있다. 『자산어보』에도 "참새 빛깔에 무늬 또한 참새 깃털과 비슷해 참새가 변한 것이 아닌지 의심된다"고 적혀 있을 정도이며, 여수 사람들은 물속에서 이동하는 새조개의 날랜 모습을 두고 새처럼 난다고 표현하기도 한다.

내륙 인근의 수심 5~35m의 진흙이 섞인 얕은 모래 펄에 서식하며, 주로 남해와 서해 그중에서도 광양만, 가막만, 득량만, 진해만, 천수만에 많이 분포되어 있다. 새조개는 양식이 어려워 전적으로 자연산에 의존하며, 1년 중 늦겨울에서 봄 사이 석 달만 맛볼 수 있는 바다의 귀족으로 귀히 대접받고 있다. 특히 단백질의 함유량이 높아 예부터 이 지역 해안가에 사는 주민들은 산후조리를 위해 새조개를 미역국에 넣어 먹었다고 한다. 일반적으로 새조개와 궁합이 맞아 함께 먹는 삼합(三合)은 새조개, 묵은지, 돼지 목살이지만, 지역에 따라 새조개, 한우, 키조개 관자를 삼합으로 꼽기도 한다. 홍성 남당항에서는 매년 1~2월에 새조개축제가 열리며, 이를 맛보려는 관광객들로 성황을 이룬다.

초밥으로 만들 때 새조개의 발 부위에 있는 검보라색이 벗겨지지 않도록 각별한 주의가 필요하다. 일반 도마보다는 두꺼운 유리 위에서 손질하여, 소금과 식초를 조금 넣은 끓는 물에 2초 동안만 데쳐 곧바로 얼음물에 담갔다가 건져 놓는다. 그리고 다시 한 번 식초를 넣은 얼음물에 씻은 다음 물기를 제거해 밥 위에 얹도록 한다. 특유의 비린내를 없애주는 효과뿐만 아니라 풍부한 육즙에서 우러나오는 진한 단맛이 밥알의 탄력과 어우러져 겨울 바다의 차진 맛을 가득 느낄 수 있다.

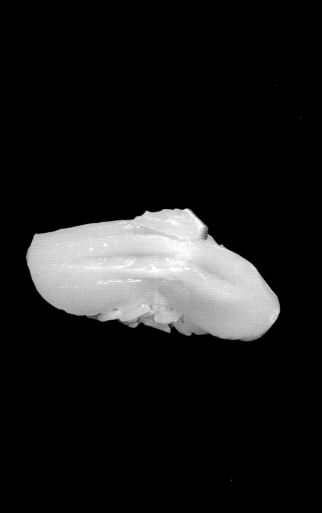

가리비

Patinopecten yessoensis

바다의 거품에서 태어난 비너스가 바
람의 신 제피로스가 부는 입김에 이끌
려, 거대한 가리비에 몸을 맡긴 채 눈부
신 나신(裸身)의 모습으로 해안가에 다다른 이후 사
랑과 미의 여신인 비너스는 여전히 '미'의 기준이 되
어 우리 곁에서 아름다움을 선사하고 있다. 바로 이
모습이 그려진 작품이 산드로 보티첼리의 '비너스
의 탄생'이다. 단 한 장의 그림 덕분에 가리비는 우
리에게 너무나도 친숙한 존재로 자리 잡게 된 것이

다. 중국에서도 서시(西施)의 이름을 빌려 가리비 조갯살로 만든 서시의 혀, 즉 서시설(西施舌) 요리가 있는 것을 보면 가리비는 동서양을 막론하고 아름다움을 상징하는 조개임을 알 수 있다.

가리비는 가리빗과에 속한 조개류로, 전 세계적으로 400여 종 이상이 연안부터 심해까지 서식하고 있다. 종류가 다양한 만큼 생태나 습성에서도 많은 차이를 보여 해만가리비처럼 암수가 한 몸인 자웅동체가 있는가 하면, 큰가리비처럼 암수가 다른 자웅이체도 있다. 하지만 큰가리비라도 유럽의 식당에서 마주하는 유럽산 큰가리비는 자웅동체이다. 껍데기가 부채나 밥주걱 모양인 탓에 지역에 따라 부채조개, 주걱조개, 또는 밥조개로 불리는 가리비는 촉수 끝에 200여 개의 눈을 가지고 있다. 아마도 세상에서 가장 많은 눈을 가진 생물일 것이다.

시중에서 유통되는 가리비는 대부분 양식으로, 동해안에서는 주로 큰가리비, 남해안에서는 홍가리비와 해만가리비를 생산한다. 양식 가리비라 해도 자연산과 별로 큰 차이를 느끼지 못하지만, 수온이 낮은 홋카이도 연안에서 잡은 큰가리비만은 '아이스크림조개'라는 별칭처럼 양식 가리비와는 비교가 되지 않을 정도의 강한 단맛을 가지고 있다.

초밥으로 사용하는 경우, 손질한 관자와 외투막을 50℃의 물에 살짝 담갔다 건져 물기를 빼서 사용하면 살이 부드럽고 찰질 뿐만 아니라, 씹을수록 바다 향과 달콤한 감칠맛이 되살아나 입안 가득 가리비의 풍미가 진하게 느껴질 것이다. 혹시 냉동 손질된 가리비를 사용하는 경우에는 같은 온도의 물에 정확히 2분간 담갔다 건져 실온에서 해동시킨 다음 물기를 제거해 사용하도록 한다. 제철은 늦가을부터 초여름이다.

키조개

Atrina pectinata

키조개를 보면 어린 시절이 떠오르곤 한다. 밤에
자다가 오줌을 싸서 요를 적신 날이면 '키'를 머리에
뒤집어쓰고 동네방네 소금을 얻으러 가곤 했다. 고
개도 못 든 채 아주머니들에게 호되게 꾸지람을 듣
고 소금세례까지 받으면, 창피해서 뒤도 돌아보지
않고 집으로 달려와 엉엉 울었었다. 키조개
는 돌이나 쭉정이를 곡식에서 고르던 바
로 오줌싸개들의 필수품인 '키'를 닮았다
하여 붙여진 이름이다. 『자산어보』에도

키조개를 '키홍합'이라 소개하며, 모양이 '키'와 같아 평평하고 넓다고 기술하고 있다. 같은 맥락으로 일본에서도 키조개를 평평한 조개, 즉 다이라가이(平貝, たいらがい)로 부른다. 우리나라 남해와 서해, 일본 중부 이남, 벵골만 등 수심 5m 이상의 진흙이 많이 포함된 모래펄에 서식하며, 비단실과 같은 족사를 방출해 모래나 자갈 등에 부착해 몸의 1/3 정도만을 펄 밖으로 내놓고 입을 벌려 먹이를 취한다. 이 실들을 모아 이탈리아 시칠리아에서는 목도리나 장갑, 스카프 등을 만드는 원사로 사용하기도 한다.

키조개는 산란 후 2년이 되면 몸길이가 20cm가 넘을 정도로, 우리나라에서 어획되는 조개류 중 가장 큰 대형 조개이다. 보령을 비롯한 서해안에서는 주로 자연산을, 전남의 보성, 고흥, 장흥에 둘러싸인 득량만에서는 양식산을 채취한다. 이곳은 청정 해역으로, 특히 미네랄이 풍부한 펄과 물살이 적은 얕은 수심이 키조개 양식을 위한 최적의 생태환경을 지니고 있다. 속칭 '머구리'로 불리는 잠수부가 펄 속에 묻혀 패각 끝이 보일 듯 말 듯한 키조개를 갈고리를 이용해 찍어 올린다.

초밥으로 사용하는 부분은 관자와 외투막 그리고 꼭지 부분에 있는 또 다른 작은 관자이다. 조리 방식은 살을 분리한 후 적당한 크기로 잘라 약간의 소금을 넣은 끓는 물에 2~3초가량 데치고 다시 얼음물에 담가 물기를 제거해 그대로 밥에 올리거나 달군 석쇠에 2초가량 양쪽 면을 살짝 구워 함께 올리면 된다. 이때 한 가지 참조할 점은 관자를 자를 때 칼로 자르는 대신 젓가락으로 눌러 결대로 자르도록 해야 한다는 것이다. 그래야 관자의 아삭한 식감을 더욱 즐길 수 있기 때문이다.

진달래가 꽃피는 4월부터가 키조개의 제철이다. 참고로 키조개 삼합은 전남 장흥의 대표적 요리로, 이곳의 삼합은 키조개 관자, 한우, 표고버섯이다.

문어/오징어

문어
참갑오징어
한치

蛸
<small>たこ</small>

문어

octopus vulgaris

흔히 공부깨나 한 사람을 보고
먹물 좀 먹었다고 하듯, 문어(文魚)
란 이름에도 먹물을 의미하는 글월 문(文)
자가 들어 있다. 이런 연유에서인진 몰라도 비
늘이 없는 생선은 제사상에 올라갈 수 없음에도 유
교의 본고장이라 할 수 있는 안동을 비롯한 경북 지
역에서는 문어가 제사상 왼쪽 첫 열에 놓일 정도로
귀한 대접을 받고 있다.

그러나 식성에 관한 한 이름과는 달리 무엇이든

잡아먹는 잡식성으로, 먹잇감이 없을 경우 다른 문어를 잡아먹거나 스스로 자신의 다리를 잘라 먹기도 한다. 특히 바다의 카멜레온이라는 별칭이 말해주듯 주변 환경에 맞춰 수시로 몸 색깔을 바꿀 수 있어 몸을 숨기기도 용이하며, 반대로 손쉽게 먹잇감도 사냥할 수 있다. 또 다른 흥미로운 사실은 물에서 건져내 토막을 내도 꿈틀거리던 문어가 이빨만 빼내면 금세 맥없이 죽어버린다는 것이다. 그만큼 이빨에 모든 기운이 몰려 있는 것으로 추정된다.

문어는 얼핏 보면 머리와 다리만 달린 기이한 모습을 지니고 있는데, 실은 머리로 알고 있는 부위는 몸통으로 그 속에 모든 장기가 들어 있으며, 눈과 입 그리고 뇌는 몸통과 다리 연결 부위에 붙어 있다. 문어를 가리키는 일본말 다코(蛸, たこ)는 손을 의미하는 'た'와 많다는 의미의 'こ'가 합쳐져 '손이 많다'는 의미로, 영어명 'Octopus' 역시 8개의 다리 때문에 붙여진 이름이다. 이 중 수컷의 우측 세 번째 다리는 생식기관으로, 짝짓기 때 정자를 싸고 있는 정포(精包)를 다리 끝

에 얹어 암컷의 외투강 안으로 넣어주는 역할을 한다.

또한 문어는 1개의 심장을 지닌 사람과는 달리 오징어와 마찬가지로 1개의 체심장과 2개의 아가미심장을 가지고 있다. 체심장은 끊임없이 혈액을 받아들이고 내보내면서 몸 전체에 혈액을 공급하는 역할을 하며, 아가미심장에 전달된 혈액은 다시 아가미로 전달된다. 아마도 문어나 오징어를 한 번이라도 손질해본 사람이라면 피 색깔이 붉지 않다는 것을 알고 있을 것이다. 이는 척추동물의 적혈구 속에 들어 있는 철분 대신 구리가 포함되어 있기 때문이며, 따라서 문어의 피 색깔이 푸른빛을 띠는 것도 이 때문이다.

우리나라에서 주로 잡히는 문어는 대문어(*Enteroctopus dofleini*)와 참문어(*Octopus vulgaris*)로, 이 중 조리에 많이 사용하는 문어는 2~4kg 정도 크기의 참문어이다. 그래서 일반적으로 문어라 함은 참문어를 가리킨다. 몸무게 10kg의 동해안에서 잡히는 대문어는 붉은빛이 돌아 피문어, 찬물에서 산다 하여 물문어로도 불리며, 우리나라 전 연안에 서식하는 참문어는 돌 틈에 숨어 산다고 하여 돌문어, 몸집이 작다 하여 왜문어로도 불린다.

동해안 최북단 저도 어장[섬의 형태가 마치 돼지가 엎드린 모양처럼 생겼다고 하여 저도(猪島)라고 불림]에서는 매년 5월 대문어축제가 개최될 정도로 대문어의 주산지라 할 수 있다.

단백질이 풍부한 대신 지방과 당분이 거의 없어 다이어트 식품으로 각광받고 있는 문어는 어린이의 성장 발육뿐만 아니라 빈혈이나 원기회복에도 효험이 뛰어나 오래전부터 민간요법에 많이 이용되었다. 조선 후기에 쓰인 일종의 생활백과사전인 『규합총서(閨閤叢書)』에는 "동전처럼 썰어 먹으면 그 맛이 깨끗하고 담백하며, 그 알은 머리·배·보혈에 귀한 약으로 만성 설사에 유익하다. 쇠고기를 먹고 체한 데는 문어 대가리를 고아 먹으면 낫는다"고 기록되어 있다.

초밥으로 만들 때는 살아 있는 생물의 다리만을 사용한다. 먼저 소화가 잘 안 되는 껍질을 완전히 벗긴 후 끓는 물에 3~4초간 데쳐 곧바로 얼음물에 담갔다

완전히 식힌 후 물기를 닦아 적당한 크기로 잘라 밥에 올린 다음, 매실과 채를 썬 차조기(시소, シソ)를 곁들이면 부드러울 뿐만 아니라 소화에도 좋다.

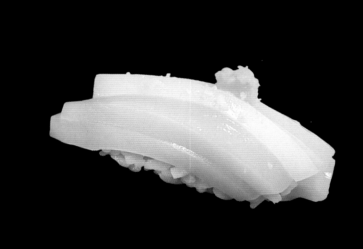

甲烏賊
こういか

참갑오징어

Sepia esculenta

　오징어는 한자로 오적어(烏賊魚)라 한다. 까마귀 고기를 좋아하는 오징어가 무리를 지어 물 위에 떠서 죽은 척하고 있다 까마귀가 죽은 줄 알고 달려들면, 오히려 그때 재빠르게 긴 두 발로 까마귀를 감고 물속으로 끌고 들어가 잡아먹곤 한다. 그래서 까마귀 烏(오), 도적 賊(적), 물고기 魚(어), 즉 '까마귀를 잡아먹는 물고기'라는 것이다. 조류 중에서 가장 머리가 좋다는 까마귀가 오징어의 사냥감이 된다는 것이 믿기지 않지만, 우리 속담에 "오징어 까마귀 잡아먹듯 한다"는 말이 있는 것을 보면 어느 정도 사실처럼 여겨지기도 한다. 더욱이 참갑오징어가 무척추동물 중에서 가장 지능이 높은 부류에 속하며, 뇌가 신체 부위에서 차지하는 비율 또한 가장 높다는 최근의 연구 결과를 감안해볼 때, 오적어는 괜한 말이 아닌 듯싶다.

우리나라에서 초밥 재료로 주로 사용하는 오징어는 다른 오징어와 달리 몸속에 길고 납작한 뼈를 지니고 있는 참갑오징어로, 동해안의 수족관에서 흔히 볼 수 있는 살오징어와는 차이가 있다. 일본 이름도 갑오징어(甲烏賊)로, 갑(甲)은 외투막에서 분비된 석회질이 굳어서 생긴 뼈를 가리킨다. 『자산어보』에는 이 뼈가 상처를 아물게 하는 효능이 있다고 기록하고 있으며, 요즘에는 내열성과 가공성이 뛰어나 은 세공이나 아주 작은 보석류의 모형 틀로도 이용되며, 특히 앵무새와 같은 애완용 조류의 칼슘 영양제로도 각광을 받고 있다.

일본의 관동지방에서는 죽으면 새까만 먹물이 몸에

서 줄줄 새어 나온다 하여 갑오징어라는 이름 대신 묵오적(墨烏賊)이라고 부른다. 진한 단맛뿐만 아니라 살이 두꺼워 쫀득한 식감을 품고 있는 참갑오징어는 여름이 제철로 알려져 있다. 수명은 대략 1~2년이며, 수컷은 몸통에 짙은 갈색의 가로줄무늬가 있고, 암컷은 줄무늬 대신 작은 점들이 산재해 있어 쉽게 암수 구별이 가능하다.

초밥에 사용할 때는 먼저 껍질을 벗겨 가늘게 채를 썰어 밥에 올리고, 그 위에 라임이나 레몬즙을 뿌린 후 강판에 간 생강과 질 좋은 천일염을 얹어 먹으면 더욱 색다른 맛을 느낄 수 있다.

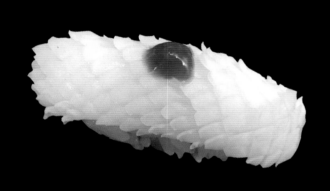

한치

Loligo edulis

劍先烏賊
けんさきいか

제주도의 옛 속담 중에 "한치가 쌀밥이고 인절미라면 오징어는 보리밥이고 개떡이다"라는 재밌는 말이 있다. 그만큼 제주도에서는 오징어보다 달고 식감이 부드러운 한치를 더 쳐주는 것을 알 수 있다. 하지만 일반인들에게는 식탁에서 자주 접하는 울릉도 오징어로 불리는 살오징어와 한치의 식별이 생각만큼 그리 쉬운 일이 아니다. 다리 길이가 한 치(一寸)밖에 되지 않아 한치라는 이름이 붙여진 만큼 오징어에 비해 다리가 무척 짧다고 생각하겠지만, 사냥할 때 사용하는 2개의 촉완의 길이가 길어 거의 구별이 가지 않는다. 한치는 표준명으로 살오징어목 꼴뚜기과에 속하는 창꼴뚜기이다. 혹시 호래기처럼 아주 작은 오징어를 꼴뚜기라고 생각했던 독자들 중에는 한치가 꼴뚜기라는 사실이 무척 의아하게 들릴지 모르지만, 갑오징어와 살오징어를 제외한 거의 모든 오징어가 분류상 꼴뚜기과에 속하기 때문에 우리의 통념과는 달리 '꼴뚜기'라는 명칭이 뒤따르는 것이다.

그러나 이 같은 표준명에 견해를 달리하는 학자들이 많은데다, 한치의 경우 일부 학자들 사이에서는 창꼴뚜기가 아니라 화살꼴뚜기라고 주장하고 있어 나 역시 당혹스러운 것이 사실이다. 나름대로 정리해보면 창꼴뚜기와 화살꼴뚜기 모두를 한치로 한데 묶어, 창꼴뚜기를 제주 한치, 화살꼴뚜기를 동해 한치로 구분해 이름을 달리하는 것이 보다 합리적이라는 생각이 든다. 또한 수입산 한치는 대부분 한치꼴뚜기로 앞서 언급한 두 꼴뚜기와는 다른 종이며, 일본에서 야리이

카(槍烏賊, やりいか)로 불리는 오징어는 비록 한자 이름에 창(槍)이 들어가 창꼴뚜기로 인식되기 쉽지만, 실은 우리나라 일부 동해안에서 잡히는 동해 한치, 즉 화살꼴뚜기이다.

한치는 밤에 갑각류나 어류에서 발산하는 인(燐)을 쫓는 추광성 어종으로, 외부 온도에 민감할 뿐만 아니라 성질이 급해 물 밖으로 나오면 금세 죽기 때문에 활어 상태를 유지해야 하는 어부들의 손길은 바쁠 수밖에 없다. 몸 색깔이 우윳빛을 띤 새하얀 한치와 오징어는 잡은 지 오래돼 신선도가 떨어진 만큼 회로 사용할 수 없다.

초밥에 사용할 때는 껍질을 벗긴 후 사선으로 얇은 칼집을 넣은 살에 끓는 물을 붓고 얼음물에 담근 다음 건져내 물기를 닦아 적정 크기로 잘라 밥에 올리고, 그 위에 소금에 절인 매실(우메보시, 梅干し)을 조금 올리면 한층 부드럽고 깔끔한 한치의 맛을 오롯이 느낄 수 있다. 사선으로 칼집을 내는 이유는 자칫 질겨질 수 있는 식감을 방지할 수 있기 때문이다.

기타

붕장어

갯장어

성게

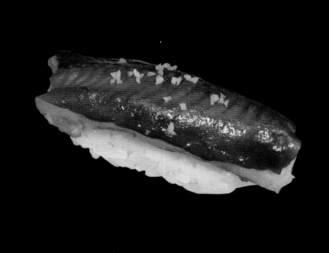

붕장어

Conger myriaster

우리가 흔히 일상에서 접하는 장어는 붕장어, 갯
장어, 뱀장어(민물장어), 먹장어 등 4종이 있다. 이 중
꼼장어로 불리기도 하는 먹장어는 다른 장어와 달
리 턱뼈가 없어 학자에 따라 어류가 아니라 척추동
물 중 가장 하등한 무리인 원구류(圓口類)로 분류하
기도 한다. 붕장어의 몸길이는 대략 수컷 40cm, 암
컷 90cm 정도로 암컷이 수컷보다 훨씬 크며, 몸 색
깔은 다갈색이고 측선을 따라 흰색의 작은 점들이
동일한 간격으로 줄지어 있다. 또 뱀장어에는 있는

미세한 비늘이 붕장어에는 없는 것이 특징이다.

낮에는 주로 해조류가 많은 얕은 바다의 바위틈이나 모래진흙 속에 숨어 지내다가 밤에 나와 작은 물고기나 갑각류, 패류 등의 작은 동물을 포식하는 야행성 어종이다. 특히 모래진흙 속에 구멍을 파고 무리를 지어 저마다 머리 혹은 몸의 반 정도만을 물 밖으로 내미는 습성 때문에 일본에서는 붕장어를 구멍을 의미하는 혈(穴) 자를 사용해 '아나고(穴子)'라고 부른다. 보통 에도마에즈시라고 부르려면 도쿄만의 하네다 앞바다에서 잡은 참치, 전어와 함께 반드시 붕장어가 들어가야 하므로 초밥에서 차지하는 위치는 절대적이다.

붕장어가 식재료로 초밥에 사용된다면, 뱀장어(우나기, うなぎ)는 초밥과 별도로 일명 가바야키(蒲焼)라는 독자적인 조리법으로 에도 사람들에게 사랑을 받았다. 에도시대의 4대 명물 중에 메밀국수, 튀김, 쥠초밥과 함께 뱀장어구이가 꼽히는 것을 보면 그 당시 뱀장어에 대한 사랑이 어느 정도였는지 짐작할 수 있다. 1399년에 발행된 『영록가기(鈴鹿家記)』에 의하면, 에도

마에즈시 이전에는 현재와 같이 등이나 배를 갈라 앞 뒤로 뒤집어가며 굽지 않고, 손질한 뱀장어 1마리를 꼬챙이에 통째로 돌돌 말아 소금만 뿌려 구워서 먹었 다고 한다.

그러나 이후, 뱀장어를 굽는 가바야키 방식은 관동 풍과 관서풍이 현저한 차이를 보인다. 관동풍은 등 쪽 을 가르고 뼈와 내장을 제거한 후 적당한 크기로 잘라 한 번 찐 후 양념을 발라 꼬챙이에 끼워 굽는 반면, 관 서풍은 등 대신 배 쪽을 가르고 손질한 후 찌지 않고 소금이나 간장으로 간을 한 다음 그대로 꼬챙이에 끼 워 굽는 방식을 취한다.

일설에 따르면 관동지방에서 배 대신 등 쪽을 가르 는 이유는 사무라이들이 많던 에도 지역이라, 마치 할 복을 연상시킬 수 있다는 우려 때문이며, 일찍이 상업 이 발달한 관서지방에서는 상대방과 거래할 때 등 대 신 배를 갈라 자신의 속을 온전히 드러내 보여 절대 속이지 않는다는 상징적 의미를 담고 있다고 한다.

하지만 일부 조리사들은 등을 가르는 방식이 배를

가르는 것보다 훨씬 수월하고 그만큼 시간도 절약돼, 성격이 급한 에도 사람들에게 맞는 조리법이라고 주장하기도 한다. 꼬챙이 역시 관동지방에서는 대나무를 사용하는 데 반해 관서지방에서는 쇠꼬챙이를 사용할 정도로 차이가 있는 것을 보면 저마다 타당한 이유가 있겠지만, 두 지역의 조리 방식이 마치 자존심 대결로까지 번진 느낌이다.

일본에서는 뱀장어를 굽는 행위 자체를 마치 수도자의 수련 과정에 비유하곤 한다. "꼬챙이로 살을 끼우는 데 3년, 살을 손질하는 데 8년, 굽는 데 평생이 걸린다(串打ち三年, 割き八年, 焼き一生)"는 말에서 알 수 있듯이, 음식을 만드는 조리 역시 일종의 도를 닦는 과정으로 끝이 없음을 새삼 느끼게 한다.

쥠초밥에 사용하는 붕장어의 조리법은 먼저 물, 진간장, 설탕, 청주를 적정 비율로 배합해 한 번 끓인 다음, 손질한 붕장어를 꼬리 쪽부터 넣어 10~15분 정도 중불에 졸인 후 건져내 다시 구워 밥에 올린다. 일단 한 번 조리한 다음에 구웠기 때문에 입에 넣자마자 눈

녹듯이 녹는 부드러움이 특징이다.

관서지방에서는 쥠초밥 대신 주로 누름초밥이나 봉초밥, 덮밥을 선호한다. 민물고기는 초밥에 사용하지 않는 만큼, 초밥의 재료로 사용하는 장어는 붕장어와 갯장어로, 2종 모두 여름이 제철이라고 알려져 있지만, 경험으로 비추어볼 때 붕장어는 겨울, 갯장어는 여름에 가장 맛이 올라 계절별로 달리 조리를 한다. 붕장어 초밥은 다른 생선초밥과 달리 주방장의 조리법에 따라 맛이 현저히 달라질 수 있는 만큼, 나름의 개성을 가장 잘 발휘할 수 있는 식재료라 할 수 있다.

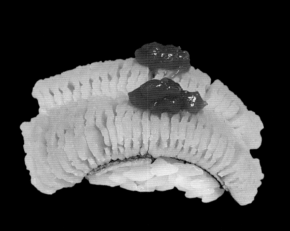

鱧 はも

갯장어

Muraenesox cinereus

몇 해 전부터, 일부 식도락들 사이에서만 즐겨 찾던 갯장어가 일반인들에게도 널리 알려져 여름철이 되면 식당마다 장사진을 이루고 이따금 품귀 현상까지 벌어지곤 한다. 이처럼 갯장어는 이제 민어와 함께 여름 보양식을 대표하는 어종으로 굳게 자리 잡아가고 있다. 장어 이름 앞에 '갯' 자가 들어 있어, 갯벌에서 나는 장어로 생각할지 모르지만 『자산어보』에 갯장어가 견아리(犬牙鱺), 즉

'개의 이빨을 지닌 장어'로 기록된 것을 보면, 갯벌을 의미하는 것이 아니라 '개'를 의미함을 분명히 알 수 있다. 갯장어의 일본 이름인 하모(はも)의 어원 역시 예리한 이빨로 사람에게 달려들어 '물어서(咬む) 해치다(食む)'는 '하무(はむ)'에서 유래되고, 갯장어의 다른 일본어 이름인 치어(齒魚) 또한 이빨[齒]이 들어갈 정도라면, 우리나라나 일본 모두 날카로운 이빨을 곧 갯장어의 상징 부위로 여긴 것을 알 수 있다. 이빨이 크고 매우 날카로워 우리나라에서도 '이빨장어'라고도 부르는데, 실제로 어획 시 이빨에 물리는 경우가 종종 있기 때문에 세심한 주의가 필요하다.

수심이 얕은 연안의 모래진흙이나 바위틈에 서식하는 야행성 어종인 갯장어는 "장맛비를 먹고 맛이 오른다"라는 일본의 식담(食談)처럼 장마가 시작되면서부터 6~7월의 산란기가 제철로, 암컷이 수컷보다 몸집도 크고 맛이 좋으며 이때에는 살뿐만 아니라 난소와 간 또한 맛이 최고조에 이른다. 그러나 우리나라는 물론 일본에서조차 값이 워낙 비싸기 때문에 특히 근검절

약이 몸에 밴 관서지방 사람들은 값이 비싼 7월은 피하고 8월에야 맛을 본다고 한다.

갯장어는 여느 장어들과 달리 살 속에 솔잎처럼 생긴 억센 잔가시가 몸을 따라 줄줄이 깊이 박혀 있기 때문에, 포를 뜬 다음 이 가시들을 발라내는 대신 다시 잘라야 하는 번거로움이 따른다. 이 기술은 웬만큼 숙련된 조리사가 아니면 다룰 수 없는 난도 높은 고도의 기술로, 무겁고 두꺼운 갯장어 전용 칼로 3cm당 23~26번의 칼집을 넣으면서 가시들을 자르는 일련의 절단 과정[일본말로는 '호네키리(ほねきり)'라고 하며, 여수 지방에서는 '송친다'라고 한다]은 오롯이 생선에 도를 이룬 사람만이 다룰 수 있는 장인의 경지라고까지 칭한다.

사실 갯장어는 일본 사람들 중에서도 관서지방 사람들이 특별히 선호하는 어종으로, 이 지역 이외에 가시를 절단하는 전문 조리사가 적은 것도 한 몫을 차지한다. 따라서 교토나 오사카에서는 도쿄에서는 맛볼 수 없는 다양한 갯장어 요리를 경험할 수 있다. 특히 7월에 열리는 교토의 3대 민속축제 중 하나인 '기온

마쓰리(祇園祭)'와 매년 6월 하순에서 7월 말까지 오사카에서 열리는 '텐진 마쓰리(天神祭)' 시기에 가면 여름철 갯장어축제도 함께 벌이기 때문에 보는 즐거움과 맛보는 즐거움을 동시에 누릴 수 있다.

아마 뱀장어목에 속한 어종들이 혈액 내에 이크티오헤모톡신(ichthyohemotoxin)이라는 유독 성분을 함유하고 있다는 사실을 아는 사람은 별로 없을 것이다. 때문에 음식으로 먹기 위해서는 반드시 피를 말끔히 제거하거나 가열을 통해 독을 없애주어야 한다. 일반적으로 장어류를 먹을 때, 굽거나 찌거나 튀기거나 탕으로 조리하는 것도 모두 열을 가해 이 단백질의 독성을 없애주기 위한 일환이다.

따라서 비교적 고유의 향이 강한 갯장어를 초밥으로 만들 때에도 매우 잘게 칼집을 넣은 살을 초밥용 크기로 잘라 소금을 넣은 끓는 물에 살짝 데친다. 이는 칼집을 낸 흰 살 부위가 익으면서 마치 꽃망울을 활짝 터뜨리는 만개한 백모란처럼 보이게 해 한층 초밥의 맛을 배가시킬 의도 때문이기도 하지만, 독성과 비

린내를 제거하기 위한 것이기도 하다. 이 조리 방식을 '끓는 물에 살짝 데친다'고 하여 일본말로는 '유비키(ゆ びき)'라고 한다. 데친 살을 건져 얼음물에 담근 후 물기를 없애 밥에 올리고, 그 위에 소금에 절인 매실을 다져서 얹으면 초밥이 완성된다.

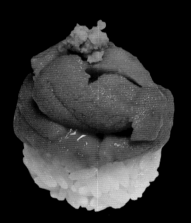

성게

Echinoidea

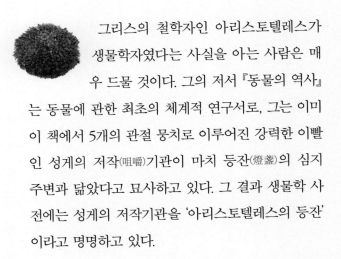

　　그리스의 철학자인 아리스토텔레스가 생물학자였다는 사실을 아는 사람은 매우 드물 것이다. 그의 저서 『동물의 역사』는 동물에 관한 최초의 체계적 연구서로, 그는 이미 이 책에서 5개의 관절 뭉치로 이루어진 강력한 이빨인 성게의 저작(咀嚼)기관이 마치 등잔(燈盞)의 심지 주변과 닮았다고 묘사하고 있다. 그 결과 생물학 사전에는 성게의 저작기관을 '아리스토텔레스의 등잔'이라고 명명하고 있다.

바다의 고슴도치란 어원을 가지고 있는 성게는 전 세계적으로 약 950여 종으로 알려져 있으며, 우리나라에는 몸 색깔이 짙은 적갈색 혹은 흑갈색을 띠고 있는 둥근성게와 검보라색의 보라성게, 그리고 앙장구라 불리는 암녹색 또는 황갈색의 말똥성게, 말똥성게와 생김새가 비슷하지만 크기가 큰 북쪽말똥성게 등 30여 종이 서식하는 것으로 보고되고 있다.

『자산어보』에서는 성게를 '율구합(栗毬蛤)'과 '승률구(僧栗毬)'로 구분해서 기술하고 있는데, 이는 모두 성게의 순우리말인 둥근 '밤송이조개'를 표현한 것으로 아마 율구합은 보라성게, 승률구는 말똥성게로 추정된다. 밤송이처럼 생긴 껍데기를 까는 순간 부드러운 '성게 알'이 모습을 드러내는데, 실제로는 알이 아니라 암컷과 수컷의 생식소이다. 같은 성게라도 난소가 정소보다 색이 진하다.

몇 년 전 동해안의 62%가 백화 현상으로 바다 속 생태계가 심각한 위협을 받고 있으며, 그 주된 원인 중 하나가 바로 해조류를 뜯어 먹고 사는 성게라고 지목

한 기사를 본 적이 있다. 과거 일본에 수출하기 위해 대량으로 살포한 어린 성게가 값싼 중국산의 수입으로 거래선이 바뀌자 일본 수출길이 막막해진 어민들이 그대로 성게들을 방치해 개체수가 엄청나게 늘어난 결과라고 한다.

이때 가장 많이 살포된 성게가 둥근성게로, 동해안 지역의 물회에서 쓰이는 성게 대부분이 둥근성게라고 봐도 무방하다. 다만 동해안이라도 강원도 최북단인 고성에서 7월 초와 8월 초 사이에 잡히는 성게는 북쪽 말똥성게로 둥근성게의 생식소가 옅은 노란색을 띠는 데 반해 붉은빛이 강하며, 맛 또한 이보다 훨씬 고소하고 단맛이 난다.

일본의 홋카이도에서 나는 그 유명한 성게가 바로 북쪽말똥성게로, 일본에서도 최상급으로 꼽는 성게지만, 개인적으로는 고성에서 잡히는 성게가 비록 단맛은 홋카이도산에 미치지 못하지만 녹진한 깊은 맛은 더 좋은 듯하다. 참고로 북쪽말똥성게는 일본말로 에조바훈우니(エゾバフンウニ)라고 부르는데, 에조(蝦夷, エゾ)

는 홋카이도에 살던 원주민 아이누족을 가리키는 말이라고 한다.

또한 여름이 제철인 보라성게의 생식소는 둥근성게보다 더 진한 노란빛을 띠는데, 주로 통영이나 남해, 제주도에서 먹는 성게국은 보라성게가 주를 이룬다. 맛이 순하고 은은한 단맛이 나기 때문에 성게를 처음 접하는 사람들이 부담 없이 즐길 수 있다. 북쪽말똥성게의 생식소처럼 붉은빛을 띠는 말똥성게는 가장 얕은 바다에 사는 너비 4cm의 비교적 소형종으로 다른 성게와는 달리 가시가 짧아 그 생김새가 말똥과 닮았다 하여 붙여진 이름이다. 포항이나 울산, 부산 등 주로 경상도 지역에서 잡히며 '앙장구밥'에 들어가는 성게가 바로 말똥성게이다. 제철은 북쪽말똥성게와는 달리 10월이다.

초밥은 대부분 군함말이초밥으로 김에 말아 밥 위에 올리기도 하지만, 김 없이 밥에 올린 후 와사비를 살짝 얹으면 평소와는 다른 색다른 시각적 유혹에 취해 또 다른 맛을 만끽할 수 있을 것이다. 또한 소금에 절

인 성게 알은 숭어의 어란과 해삼창자젓갈과 더불어
일본의 3대 진미에 속한다.

한겨울의 세찬 바람과 한파를 한껏 머금고 좀처럼
미동조차 보이지 않을 것 같던 동백(冬柏)이, 순식간에
꽃망울을 터트리며 불같은 자태를 눈 속에서 드러내
보일 때쯤 나의 글 작업은 시작되었다. 지아비가 고기
를 잡으러 나간 사이 정조를 지키려다 그만 절벽에서
떨어져 죽음을 맞이했다는 여수 오동도 어느 여인의
화신(化身), 동백. 여인은 꽃이 되어 붉디붉은 피를 토
하듯 지아비를 향해 '그대를 사랑합니다'라고 울부짖
었다고 한다. 그리고 꽃말과 같은 동백의 애절한 울림
이 채 가시기도 전에 또다시 눈 속에서 그 붉은 자태
를 마주하는 시간이 다가오고 있다. 어느새 1년이란
시간이 훌쩍 흘러버린 것이다.

익숙한 칼 대신 펜으로 사계(四季)의 물고기들을 만난

다는 것이 나에게는 빌려 입은 옷을 걸친 것처럼 무척이나 낯설고 어색한 작업이었다. 하지만 글이라는 새로운 방식을 통한 낯익은 그들과의 조우는 진정한 초밥의 세계를 눈뜨게 한 개안(開眼)의 시간들이었다.

그들은 내게 말을 걸어왔다. 그리고 나에게 자신들의 이야기를 들려주었다. 이 같은 소중한 만남이 없었다면, 나는 여전히 내가 알고만 있는 초밥의 세계에 안주해 아무 감정 없이 그들을 대하며 하루하루 생각 없이 편히 살아가고 있었을 것이다. 이제 나는 알고 있다. 초밥의 핵심은 바로 그들에 대한 예의라는 것을. 그들에 대한 감사와 존경 없이는 초밥은 한낱 모사(模寫)가 빚어낸 찰나의 허상일 뿐 실체가 아닌 것이다.

그렇다. 초밥은 그들에 대한 경건한 예의에서 비롯된 신의 은물(恩物)이다.

이제 이 책을 독자 분들께 맡겨야 할 시간이 된 것 같다. 그간의 정을 뒤로하고 막상 나의 손끝을 떠나보내려고 하니 시집보내는 아비의 심정이 되어 한편으로는 아쉽기도 하고 한편으로는 홀가분하기도 하다. 그 때문일까. 그동안 느끼지 못했던 피로가 한꺼번에 몰려든다. 아니, 마치 산란을 마친 연어처럼 기운도 다하고 맥도 풀려 그야말로 기진맥진, 혼까지 나간 기분이다. 붉은 동백의 꽃말이 환청이 되어 귓가에 들려온다.

"그대를 사랑합니다~."

내 마음을 대신해 이번 산책에 동행한 독자 분 모두에게 이 꽃말의 짙은 여운까지 함께 전한다.

안효주의 초밥 산책

1판 1쇄 발행 2020년 2월 29일
1판 2쇄 발행 2020년 4월 29일
1판 3쇄 발행 2020년 12월 29일

■ **지은이** | 안효주　**펴낸이** | 정태욱　**책임편집** | 강은영　**디자인** | 신유민
■ **펴낸곳** | 여백출판사　**등록** | 2019년 11월 25일 제 2019-000265호
■ **주소** | 서울시 성동구 한림말길 53, 4층 [04735]
■ **전화** | 02-798-2368　**팩스** | 02-6442-2296　**이메일** | yeobaek19@naver.com

ISBN 979-11-968880-1-5　13590